Arduino 超入門

創客‧自造者的原力

The Force of Maker

使用 C++ 程式語言

本套產品同時提供兩種程式開發方式，
本書前半部為 C++ 程式語言方式，
後半部為使用積木式圖形開發環境

Contents

本書所有電路接線實作圖均以 fritzing (http://fritzing.org) 軟體繪製。

本套產品同時提供兩種程式開發方式，
本書前半部為 C++ 程式語言方式，
後半部為使用積木式圖形開發環境

序

Arduino 風靡全球，它的特色是設計環境完善、簡單易用，所以廣受大家喜愛。但即便如此，對於初學者而言，仍然有許多門檻須要克服。首先，必須學習簡單的 C 語言或 Scratch 軟體，然後要學習基本的電子電路觀念，再來要做軟硬體的整合設計，並且對一些感知器、制動器的特性也要有所瞭解，因而在學習上往往會遇到困難，而花了許多時間，繞了許多冤枉路。

更有甚者，一般人對於電子零件並不熟悉，不管你在網路或是在實體商店購買，經常會買錯或買不齊零件，費時費力，甚至影響學習、產生挫折。

本書就是針對軟體、硬體知識完全是一張白紙的學習者，讓他們可以從最平順的學習路徑，逐一的來學習 Arduino 的基本知識，並且我們還特別準備了實驗必需的零件，讓學習者可以最正確而有效率的學好 Arduino!

學習 Arduino 並不是依樣畫葫蘆的把每一個線路裝好，把每一個程式 key 好就是學會了，而是，你必須深入的思考系統的整體設計，包含系統的、硬體的、軟體的安排與設計。因為，只有正確的系統設計、良好的硬體及軟體搭配，才是一個優秀的作品!

作者 章奇煒 2016/1/1

01 Arduino 快速入門

自造者/創客/Maker 這幾年快速發展, 在自造的過程中, 從想法 (創意)、設計、程式、電路、控制、手作、機構、成型⋯ 也因為一些工具的出現而變得快速並降低門檻。其中 3D 列印、雷射切割, 讓少量製造成為可能, 成本大幅降低, 因而對機構、成型的助益甚大。而 Arduino 的出現, 則對於程式、電路、控制這些階段的幫助最多。

本套產品同時提供兩種程式開發方式,
本書前半部為 C++ 程式語言方式,
後半部為使用積木式圖形開發環境

什麼是 Arduino?

Arduino 是一種可程式化的微控制板 (microcontroller board), 透過控制板上的輸出入埠, 能夠連接 LED、LCD 顯示器、喇叭、馬達、開關、各種感測器等電子裝置, 或是加裝 GPS、WIFI、藍芽等各種通訊模組的擴充板, 配合您設計的程式碼, 就能做出各種想要的創作品, 例如: 智慧家居、玩具設計、機器手臂、手機遙控⋯。

Arduino 是由義大利的 Massimo Banzi 和其開發團隊於 2005 年所研發完成。Arduino 這個名字來自於出身伊夫雷雅地區的義大利國王的名字。Arduino 目前已針對不同用途開發出至少 20 種大同小異的 Arduino 控制板, 其中 Arduino Uno 是最多人使用的板子。Uno 在義大利文是「1」的意思, 開發者的原意就是將 Uno 板當作是適合初學者使用的入門版本。

1-1 購買 Arduino Uno 控制板及周邊零件

想要購買原廠的 Arduino Uno 控制板, 如果從 Arduino 官網直接下訂, 由於時常缺貨且運費昂貴, 所以不太建議從官網購買。台灣也有多家授權公司販售, 在其網站上購買的話, 價錢大約台幣幾百塊。如果不介意沒有包裝精美的外盒, 筆者建議可以到電子材料行購買, 價錢更為便宜, 雖然不是原廠的 Arduino 板, 但其功能和原廠的 Arduino 板完全一樣, 並且你也可以從 Arduino 官網下載專用的程式開發軟體。Arduino 官網秉持開放原始碼的原則, 並不會因為你不用原廠的硬體而不讓你使用它的軟體。

除了購買 Arduino Uno 控制板外, 別忘了購買相關的電子零件。這些零件在電子材料行或網路上都可以買得到。走進電子材料行, 往往一眼望去是堆放整牆琳瑯滿目的零件, 彷彿走進大觀園, 要找到一個正確的零件, 可說是困難重重。因此, 前往電子零件行之前, 先認識需要的零件, 才不會到時候不知如何找起。本書將於下面每個實驗前, 介紹各實驗會使用到的零件相關知識, 及 Uno 控制板各部分的功能, 方便讀者參考。

1-2 下載 Arduino 程式開發環境

買好 Arduino 板後,還必須下載 Arduino 專用的程式開發軟體,在其中編寫程式碼,才能使 Arduino 板運作。底下是下載及使用 Arduino 程式開發軟體的程序:

本節操作過程可參考線上教學影片:
https://youtu.be/DfeOEj_MM7M

(一) 從 Arduino 官網下載 Arduino 的程式開發軟體

首先從 Arduino 官網 (https://reurl.cc/9vA5rv) 下載安裝軟體。使用 Windows 版的人就下載 Windows 版,使用 Mac 的人則下載 Mac 版。如果你不是電腦的管理者身分,則必須選第二項下載 ZIP 檔,然後自行解壓縮,手續比較不方便。

▲ 從官網下載　各種作業系統的 Arduino 版本

依照畫面上的指示,進行安裝,如果畫面停很久,好像當掉了,可以按下 "show details" 來看它每一個安裝的步驟。

安裝完畢時,在桌面或工作列上會出現 Arduino 的圖示 (icon) ∞,表示安裝完成。

(二) 透過 USB 線,將 Uno 板連接上電腦

在購買 Arduino Uno 板時,通常會附上一條 USB 線。USB 線的兩端插頭不一樣。接頭扁平的那端連接電腦的 USB 插槽,另一端看起來較方正的接頭則是插入 Arduino 板的 USB 插槽。

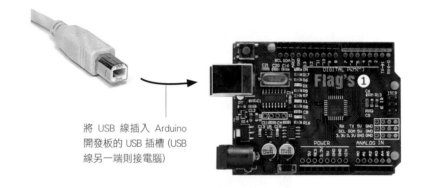

將 USB 線插入 Arduino 開發板的 USB 插槽 (USB 線另一端則接電腦)

(三) 下載並安裝驅動程式

Arduino UNO 必須靠剛剛接上的 USB 傳輸線與電腦通訊,這需要安裝 USB 驅動程式,本產品隨機出貨兩種樣式的 Arduino 板,板面上以 "Flag's ①" 及 "Flag's ONE" 區別,"Flag's ONE" 字樣的板子所需的驅動程式在安裝 Arduino 開發軟體的時候已經自動安裝了,如果是 "Flag's ①" 字樣的板子,請到 http://www.wch.cn/download/CH341SER_EXE.html 下載安裝程式:

2 按此鈕進行安裝

安裝成功了！

下載後執行安裝程式，依以下程序安裝：

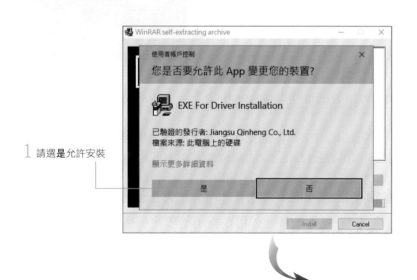

1 請選**是**允許安裝

(四) 在開發環境中, 選取相對應的 Arduino 板子與序列埠

選取你所使用的 Arduino 板

安裝成功後, 快速按  兩次開啟 Arduino 開發環境。開啟後, 選取**工具**項下的**板子**選項, 從板子列表中選擇 "Arduino AVR Boards/Arduino Uno"。如果你不是使用 Uno 板, 則請選擇你自己的 Arduino 板。

由於 Arduino 會時常更新版本, 所以你所下載的 Arduino 開發環境可能會與本書有所些許不同。

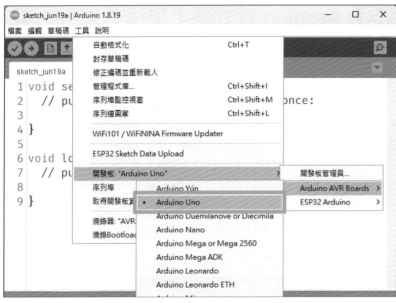

▲ 點選工具項, 從板子列表中選擇 "Arduino Uno"。

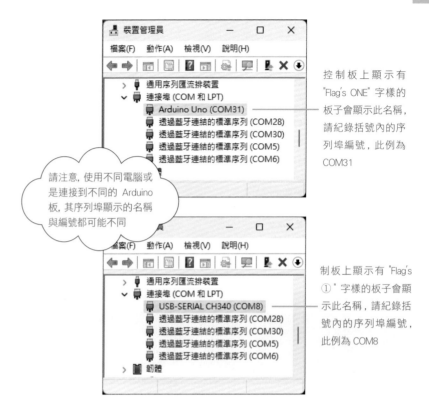

控制板上顯示有 "Flag's ONE" 字樣的板子會顯示此名稱, 請紀錄括號內的序列埠編號, 此例為 COM31

請注意, 使用不同電腦或是連接到不同的 Arduino 板, 其序列埠顯示的名稱與編號都可能不同

制板上顯示有 "Flag's ①" 字樣的板子會顯示此名稱, 請紀錄括號內的序列埠編號, 此例為 COM8

設定序列埠

請確定 Arduino 已經連接到電腦, 然後在左下角的開始圖示上按右鈕執行『裝置管理員』命令 (Windows 10 系統), 或執行『開始/控制台/系統及安全性/系統/裝置管理員』命令 (Windows 7 系統), 開啟裝置管理員, 尋找 Arduino 板使用的序列埠:

確認 Arduino 板的序列埠號碼後, 回到 Arduino 的畫面, 經由「工具>序列埠」, 再次確認 Arduino 板的序列埠號碼是否與裝置管理員所顯示的連接埠號碼相同。

如果你是下載較新的 Arduino 開發環境, 則開發環境會自行偵測序列埠的位置, 並顯示在功能表的序列埠選項裡頭, 我們只要拉出功能表, 確定序列埠無誤, 直接加以點選即可。

▲ 從 Arduino 的畫面, 經由『**工具/序列埠**』, 再次確認
Arduino 板的序列埠號碼以及 Arduino 版的名字是否正確。

選擇好板子及序列埠後, 就完成 Arduino 的安裝, 可以開始寫程式了。

為什麼我們稱 Arduino 這個軟體為 **"整合式開發環境"** 呢? 因為凡是開發 Arduino
程式所需的功能, 包含一些設定、程式編輯 (edit)、編譯 (compile)、除錯 (debug)…
等等諸多功能, 都整合在這個軟體之中, 我們不需其他軟體的幫助就能完整開
發出 Arduino 程式, 所以我們把它叫做**整合式開發環境** (Integrated Development
Environment, 簡稱 IDE) 或稱**程式開發環境**。

1-3 Arduino 程式基本架構

基本上打開 Arduino 程式開發環境, 將 Uno 板連接上電腦後, 就可以
開始寫程式了。但在此之前, 我們先講解一下 Arduino 的程式開發環境。

在視窗最上方寫著「sketch_jan03 | Arduino1.8.5」。"sketch" 是指
程式碼的意思, 後方的 jan03 是表示撰寫此程式碼的日期, 所以 jan03 就
是指 1 月 03 日, 所以每天都會自動更新日期。後面的 "a" 則是當天的第
一份程式碼, 若當天再寫第二份程式時, 則會出現 "b", 以此類推。至於
Arduino 1.8.5 則是 Arduino 開發環境的版本編號。

Arduino IDE 預設會建立新專案, 並以日期當做新專案的名稱

功能表列

快捷鈕列

程式編輯區

Arduino IDE
預先產生的
程 式 結 構
(參見下個
Lab)

訊息區 (例如編譯成功、失敗
訊息, 上傳成功、失敗訊息等)

目前使用的 Arduino 板型號
及序列埠編號

Arduino 使用的是簡單的 C 語言

現在我們可以來寫程式了。Arduino 所使用的程式語言是 C 語言，一般只會用到 C 語言的一部分，所以相對簡單許多。打開 Arduino 開發環境後，在程式編輯區裡會自動出現幾行程式碼：

```
1  void setup() {
2    // put your setup code here, to run once:
3
4  }
5
6  void loop() {
7    // put your main code here, to run repeatedly:
8
9  }
```

英文註解說明我們可將程式碼加到函式的大括號中

Arduino 程式的基本架構是由 setup()、loop() 函式構成

這就是 Arduino 程式的基本架構，其中 setup() 和 loop() 分別是初始化函式及執行函式，Arduino 的基本程式架構就是由這兩個函式組成的，我們在寫程式時，就是將程式碼寫在 setup() 和 loop() 後方的大括號 "{ }" 範圍內。其中，尤其是 loop() 函式可說是 Arduino 程式的主體。

軟體加油站

什麼是函式 (function)? 什麼是型別 (data type)

先來說**型別 (data type)**，型別就是資料的形式，C 語言有許多型別，包含 int (整數)、char (字元)、float (浮點數)⋯。

函式 (function) 是 C 程式的基本組成模組，例如 Arduino 的 C 程式就是由 setup() 和 loop() 這兩個函式組成的。C 程式的內容 (程式碼) 都是寫在函式的內部。一個函式的構造是這樣的：

```
傳回值型別  函式名 (型別1 引數1, 型別2 引數2, ⋯)
{
    ⋯⋯⋯⋯⋯⋯⋯⋯
    ⋯⋯函式內容⋯⋯
    ⋯⋯⋯⋯⋯⋯⋯⋯
    return 傳回值
}
```

當我們設計函式時，要先給一個函式名稱，函式名稱後面的 (⋯) 內放置要傳入函式的引數 (argument)，而 return 則會把一個資料 (叫做傳回值, return value) 傳回給呼叫者，所以函式名前頭的傳回值型別必須和 return 所傳回的資料型別一致。**不過有些函式並沒有傳回值，對於這一類函式，其傳回值型別要標示為 void, 表示這個函式沒有傳回值。**

例如：

```
1  int adder(int v1,int v2)
2  {
3    int v;
4    v=v1+v2;
5    return v;
6  }
```

接下頁

從第 1 行我們可以得知:這個函式名叫 adder, 它有兩個整數型別的引數 v1 和 v2, 它的傳回值是一個整數。第 2 行和第 6 行是大括號 { 和 }, 在 {…} 內的第 3、4、5 行就是 adder 這個函式的內容, 第 3 行宣告說 v 是一個整數變數, 第 4 行是說把 v1 和 v2 這兩個引數的值加起來然後存到 v 這個變數裡, 第 5 行的 return 就是把 v 的值從函數 adder() 裡頭傳出來。

那麼怎麼使用函式呢?

例如:

```
.....................
.....................
s=adder(3,4)
.....................
```

我們把 3 和 4 傳給 adder 這個函式運算, adder 把運算好的結果傳回給 s, 此時 s 的值是 7。

一般的 C 編譯器都會提供許多預先設計好的函式供我們使用, 而 Arduino 的 C 編譯器更提供許多 Arduino 專用的函式, 我們不用自己設計直接取用就可以了!

現在來說明, Arduino 兩個函式的用途:

setup()函式

我們可以看到 setup() 的型別是 void, 所以它沒有傳回值, 並且 () 內是空的, 所以沒有引數。

setup() 是初始設定函式, 其功能是在程式一開始, 先做一些前期設定工作。setup() 函式內的程式碼只會運作一次, 接著就交給 loop() 函式去執行。

loop() 函式

loop() 函式的型別也是 void, 所以它沒有傳回值, 並且 () 內是空的, 所以也沒有引數。

loop 是圈的意思, 所以 loop() 函式內的程式碼會一直不斷重複執行, 直到關掉電源為止。loop() 函式的內容是程式的主要核心, 是程式最主要的部分。

程式的註解

在 setup() 及 loop() 函式內各有一行以「//」開頭的文字, 那是解說用的文字, 沒有實質參與程式運作。解說文字的前方有兩條斜線, 是用來告訴編譯器: "接下來的文字是說明用的, 不是程式碼, 請勿編譯"。加了「//」後, 後方的文字會呈現淺灰色。如此一來, 在執行編譯時, 解說文字會被略過, 不會被當作程式的一部分。

現在我們可以來寫程式了!

LAB 1-1 閃爍一顆 LED

實驗目的

這是我們第一個 Arduino 的實驗, 所以是最簡單的實驗, **完全不需外接任何硬體零件**, 只需寫幾行程式碼, 就能讓 Arduino 板內建的 LED 閃爍不停。

材料

- Arduino Uno 板 1 片

- 其它零件: 無

程式碼 可在 http://www.flag.com.tw/maker/download.asp 下載

```
1  void setup() {   //"{"表示setup()函式由此開始
2    pinMode(13, OUTPUT);   //將第13號腳位設為OUTPUT模式
3  }   //"}"表示函式到此結束
4
5  void loop() {   //"{"表示loop()函式由此開始
6    digitalWrite(13, HIGH);   //將高電位輸出到第13號腳位
7    delay(500);   //使程式暫停0.5秒, 維持在上一行所執行的狀態
8    digitalWrite(13, LOW);   //將低電位輸出到第13號腳位
9    delay(500);   //使程式暫停0.5秒, 維持在上一行所執行的狀態
10  }   //"}"表示函式到此結束
```

第一次輸入 Arduino 程式時, 編輯區並不會顯示行數, 如果想顯示行數, 可從「檔案>偏好設定」勾選「顯示行數」

請在 Arduino 的編輯區輸入上列程式, 每行程式 // 後面的文字可以不用輸入。

程式碼解說

這個程式使用了 Arduino 的數位輸出來點亮 Arduino 板子上頭內建 (built in) 的 LED, 這顆 LED 位於 UNO 板第 13 號數位腳位旁邊, 如果一時找不到也沒關係, 等到程式執行時, 它就會亮起來了。

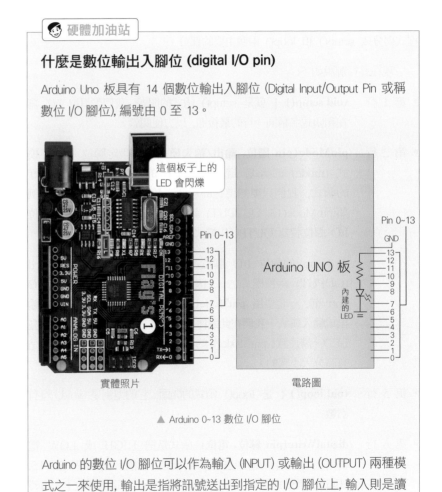

😊 硬體加油站

什麼是數位輸出入腳位 (digital I/O pin)

Arduino Uno 板具有 14 個數位輸出入腳位 (Digital Input/Output Pin 或稱數位 I/O 腳位), 編號由 0 至 13。

這個板子上的 LED 會閃爍

▲ Arduino 0~13 數位 I/O 腳位

Arduino 的數位 I/O 腳位可以作為輸入 (INPUT) 或輸出 (OUTPUT) 兩種模式之一來使用, 輸出是指將訊號送出到指定的 I/O 腳位上, 輸入則是讀

接下頁

取指定的 I/O 腳位上的訊號。使用 I/O 腳位之前一定要先用 pinMode() 函式來設定腳位的模式, 以確定是要做輸入或是輸出使用。隨著接下來的實驗, 你會更了解 I/O 腳位的用法。

以下是這次實驗的程式碼, 只有不到 10 行。我們可以很清楚的看出, 程式碼分成 setup() 和 loop() 兩個主要的部分。

現在逐行解說如下:

- 第 1 行　**void setup()** { 就是 setup() 函式的開頭, 我們習慣把 "{" 寫在和函式名稱同一行的最後面, 以方便閱讀。

- 第 2 行　**pinMode(pin 腳位, 輸出/輸入模式)** 是設定腳位 (pin) 模式 (mode) 的函式, 這是 Arduino 的 C 編譯器預先設計好的函式, 我們只要知道它的用法, 然後直接使用就好了。例如:pinMode(13, OUTPUT) 就是把 Arduino 的第 13 號數位 I/O 腳位設為 OUTPUT 模式。

  Arduino 的數位 I/O 腳位可以作為輸入 (INPUT) 或輸出 (OUPUT) 兩種模式之一, 因此在使用 Arduino 的數位 I/O port 前, 一定要用 **pinMode(pin, mode)** 函式來設定腳位為輸出或輸入模式。我們在此選擇輸出模式 (OUTPUT) 用來點亮 LED。請注意! pinMode() 的 M 一定要大寫, 因為 C 語言是有區分大小寫的。

- 第 5 行　**void loop()** { 是 loop() 函式的開頭, 它的型別是 void, 沒有引數。

- 第 6 行　**digitalWrite(pin 腳位, 電位)** 函式是把 HIGH 或 LOW 電位寫出 (輸出) 到指定的 pin 腳位。例如 digitalWrite(13, HIGH) 就是把高電位 (HIGH) 送到 pin13 這個腳位上。這時 LED 就會因為接收到高電位而亮起來。

- 第 7 行　**delay(500)** delay() 函式能夠讓程式延遲 (delay) 一段時間, 暫時維持在上一行所執行的狀態, 延遲的時間可以由我們自行設定。delay() 函式的時間單位是以毫秒 (千分之一秒) 計算。例如設定 delay(500), 就會使 LED 在亮或滅的狀態維持 1 毫秒×500=0.5 秒的時間。

- 第 8 行　**digitalWrite(13, LOW)** 和第 6 行程式碼的效果相反。將低電位送到 pin13 腳位, LED 會因為接收到低電位而熄滅。

- 第 9 行　**delay(500)** 使 LED 熄滅的狀態維持 0.5 秒。

- 第 10 行　"}" 表示函式到此結束, 但由於 loop() 內的程式碼會一直反覆執行, 所以程式會回到第 6 行重新執行, 因此 LED 會不斷地每秒閃爍一次。

先檢視編輯區, 再進行編譯及上傳

初次輸入 C 語言程式碼難免會發生錯誤, 其中最常出現的錯誤是:

1. 每行敘述都要用 ";" 號作為結束符號。程式碼是由許多敘述組成, 例如「digitalWrite(ledPin, HIGH);」就是一道敘述。每行敘述結尾都必須加上分號「；」, 藉由這個分號, 告訴電腦每道敘述的結尾在哪裡。而初學者往往忽略了這個分號。

2. C 程式碼的大小寫都是有區分也有它特別的用意, 因此不可任意更改。

另外, Arduino 的編輯區 (它是一個編輯器) 也會幫我們做一些檢查, 對於具有特殊意義的關鍵字、函式名、參數等, 會顯示出不同的顏色, 如果沒顯示顏色則可能哪個地方出現了錯誤。

因此程式輸入完畢, 先別急著編譯, 應該先檢視一下編輯區, 確定沒有異狀之後再行編譯及上傳。

驗證並上傳程式

快捷鈕　　　　　　　　　　　　　　快捷鈕

sketch_jan13a §

▲ 程式碼上方這幾個快捷鈕十分好用

寫好程式碼後, 我們可以按下位於左上角的驗證鈕 ✓ 來檢查程式碼是否有誤。如果有誤, Arduino 會將錯誤的問題點顯示在畫面下方黑色的部分, 有錯誤的那行程式碼則會以粉紅色突顯出來。另外, 在進行驗證新的程式碼前, 會跳出儲存程式碼的對話框, 問我們是否要先儲存程式碼, 請務必要先予儲存!

如果程式碼有任何不完整或基本的錯誤時, 能夠透過驗證的功能將錯誤抓出來

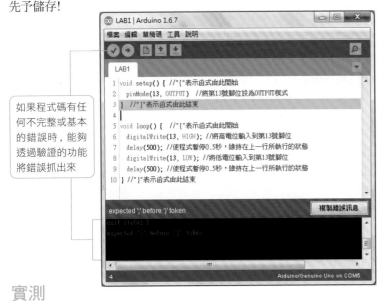

實測

驗證無誤後, 便可以按下上傳鈕 → , 將程式碼上傳到 Arduino 板, 如果 Arduino 板上的 LED 會開始以每秒一次的速率閃爍的話, 就表示你第一個 Arduino 實驗成功了。

1-4 Arduino 的供電

在 LAB1-1 我們順利的完成實驗, 讓 LED 閃爍的亮了起來。但是我們並沒有特別為 Arduino 板接上電源, Arduino 的電是哪裡來的呢?

Arduino 有幾種供電方式:

第 1 種是用 USB 線來供電, 也就是把 PC 上的電源經由 USB 線傳送到 Arduino 板上, LAB1-1 就是用這種方法供電的。

同一條 USB 線除了傳輸電源還可以傳輸資料, 我們按 → 時就是把 PC 編譯好的 Arduino 程式碼經由 USB 線傳輸到 Arduino 板上。

第 2 種 Arduino 供電方式是經由電源插座供電。在實用的場合中, 當系統開發完成後就要和 PC 脫離, 成為一個獨立的系統 (稱為嵌入式系統), 因而無法再用 USB 線來取得 PC 上的電源, 所以就要由電源插座供電。

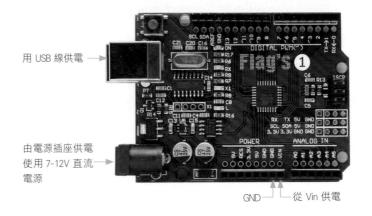

用 USB 線供電 →

由電源插座供電
使用 7-12V 直流
電源

GND — 從 Vin 供電

Arduino UNO 的電源插座可以接受 7-12V 之間的直流電壓供電, 我們可以用電池或整流器來供電, 使用電池的好處是不受 AC 電源線的限制, 是手持裝置的理想電源。

第 3 種直接從 Vin 和 GND Pin 腳供電, 但初學者不建議。

02 看懂電子電路

上一章的實驗 (LAB1-1) 只用了 Arduino 主板, 然後寫了一個程式, 完全沒有使用額外的電子零件。然而, Arduino 的設計需要一些電子零件搭配, 因此你必須學會看懂簡單的電子電路。

但是不用擔心, 你並不需要修完一整年的電子學課程, 也不必讀完一整本的電路學課本, 你只要看完這十幾頁簡介就可以了!

如果你已經具備電子基本知識, 可以略過本章的內容。

2-1 電壓、電流、電阻

電壓

電壓可以驅動電流在電導體內流動。乾電池、可充電電池、室內的交流電源都是電壓的來源。電壓的單位為伏特 (V), 一些較為微弱的訊號, 其電壓可能只有幾千分之一伏特, 我們以毫伏 (mV) 來代表千分之一伏特。在數位電路中, 如 Arduino, 我們常用的電源電壓為 5 伏特(簡寫成 5V) 或 3.3 伏特 (3.3V)。使用 3.3V 可以降低耗電量。

電流

電壓驅動電子在電導體內流動, 因而形成電流, 因為電流才能使得大部分的電器運作。電流的大小和電壓成正比。電流的單位為安培 (A), 在一般電子電路中常用的是千分之一安培 (稱為毫安 mA), 亦或是更微弱的百萬分之一安培 (稱為微安 μA)。

電阻

我們通常用電阻值來表示一個物體的導電性, 物體的電阻值和其導電性成反比。在電壓固定的條件下, 當一個物體的電阻值愈大, 愈不容易導電, 通過該物體的電流就愈少。反之, 電阻值愈小, 通過的電流愈大。電阻的單位為歐姆 (Ω), 電子電路常用的電阻值還有千歐姆 (KΩ) 和百萬歐姆 (MΩ)。

如果用 V 來代表電壓, R 代表電阻, I 代表電流, 那麼三者的關係如下:

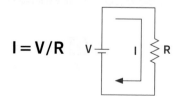

$$I = V/R$$

這就是有名的歐姆定律。

電阻器

利用歐姆定律，我們可以用電阻來控制電流的大小。例如：當我們有一顆 1.5V 的電池，需要流出 10mA 的電流，那麼就可以用 1.5V/10mA=150Ω 的電阻來達成:

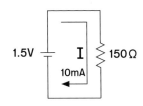

為了電路設計的需求，市面上有各種不同數值的**電阻器(resistor)** 供我們選用。電阻器種類很多，最常用的是**定值電阻(fixed resistor)**。定值電阻(以下簡稱電阻) 依照材質，大致有炭膜電阻、金屬膜電阻、線繞電阻及水泥電阻、...等多種，本書實驗用的電阻多半是金屬膜或炭膜電阻。

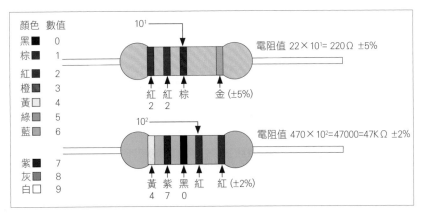

顏色	數值
黑	0
棕	1
紅	2
橙	3
黃	4
綠	5
藍	6
紫	7
灰	8
白	9

電阻值 $22 \times 10^1 = 220Ω \pm 5\%$

紅 紅 棕 金 (±5%)
2 2

電阻值 $470 \times 10^2 = 47000 = 47KΩ \pm 2\%$

黃 紫 黑 紅 紅 (±2%)
4 7 0

▲ 以 4 或 5 條色環標示電阻值

小型炭膜或金屬膜電阻通常是以色環來表示其電阻值及誤差值，電阻本體的顏色，則表示其溫度係數。以四色環的電阻為例，由左至右，第一環表示電阻的十位數，第二環表示個位數，第三環表示倍數，而第四環則是表示誤差值。如果是五環電組，則第一環為百位數，第二環為十位數，第三環為個位數，第四環為倍數，而第五環則是誤差百分比。色環的對照表細節，請參考本書附錄 A。

註：所謂倍數指的是 10 次方倍數，例如上圖四環電阻上的棕色是 $10^1=10$ 倍，而五環電阻上的紅色是 $10^2=100$ 倍。

電阻器的功率

電流流過電阻會產生熱，這些耗散的熱若太大便會燒毀電阻，每個電阻都有其最大能承受的熱耗散功率(單位為瓦特 Watt)，一般常見的電阻耗散功率 (瓦特數、簡稱瓦數) 有 1/8W、1/4W、1/2W、1W、2W、...。

本書會用到的電阻

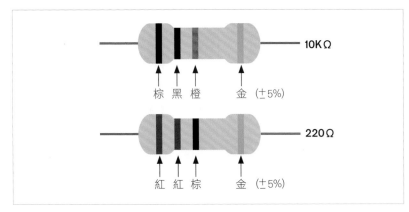

棕 黑 橙 金 (±5%) 10KΩ

紅 紅 棕 金 (±5%) 220Ω

▲ 220Ω 及 10KΩ 電阻

在電子材料行購買電阻時，零件櫃上都會標示電阻值及瓦數，但你還是要仔細檢查電阻上的色環顏色，以免拿到之前的客人隨手放錯的電阻。本書常用的電阻值為 220Ω 及 10KΩ 兩種，瓦數皆為 0.25W(1/4W)，第一次購買時，大概可以每種各買十個做備用。因為小型電阻體積很小，又要標示色環，有時難以用眼睛判斷，這時就必須用三用電錶來測量，以免出錯。

2-2 LED 燈

LED(Light Emitting Diode 發光二極體), 是目前常見的節能照明工具之一, LED 依照其用途而有不同形式與功率 (亮度)。實驗用的 LED, 只要選擇如下圖般的小型單色或彩色 LED 燈泡即可。有時因為實驗過程中會凹折接腳, 造成耗損, 因此第一次購買時, 通常每種顏色會買 5~10 個備用。

多彩 LED

▲ 各種顏色的 LED

LED 燈和電池一樣, 有分正負極, 接反了 LED 是不會亮的。LED 兩支接腳的長腳 (或有彎折的腳) 是正極, 短腳 (或筆直的腳) 則是負極。

 如果買到了兩支接腳都一樣長的 LED, 可以使用三用電表來測試。把三用電表切到二極體檔, 然後用紅黑探棒接觸 LED 的兩支接腳, 如果 LED 亮起來, 那紅色探棒所接觸的接腳就是 LED 的正極。

使用限流電阻保護 LED

讓 LED 亮起來的方法是在 LED 兩頭加上電壓, 但是 LED 必須加上適當的電壓與電流才能正常運作(我們稱為工作電壓與電流), 如果低於這些值, 則 LED 變暗甚至不亮, 超過這些電壓、電流值, LED 便會燒毀。

一般常見的小型紅光或黃光的 LED 其工作電壓約 1.8~2.2V, 工作電流是 10~20mA 左右, 如果是綠光、藍光或白光, 則工作電壓約 3.0~3.2V, 工作電流約 10~20mA, 所以對於 5V 工作電壓的數位電路而言, 就不能直接把 LED 接到驅動電路上, 此時可以串接一個電阻來限制通過 LED 的電流(此電阻稱為限流電阻), 以免電流過大而燒毀 LED 或驅動電路:

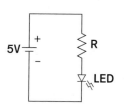

這個電阻值是多少呢? (如果我們用紅色 LED) 依照前述的工作電壓 2V 和工作電流 15mA 計算,

$$R = (5V-2V)/15mA = 0.20K\Omega \fallingdotseq 220\Omega$$

註1: 計算訣竅: V/mA=KΩ, V/KΩ=mA。

註2: 因為電阻規格上的限制, 並不是任何數值都可以買到, 所以不用計算到太精確的數值, 在選購材料時, 選擇最接近且大於計算結果的數值就可以了。像本例 0.20KΩ 我們就可選用 220Ω。

2-3 麵包板與單心線

麵包板

麵包板的正式名稱是免焊萬用電路板, 俗稱麵包板(bread board)。麵包板不需焊接, 就可以進行簡易電路的組裝, 十分快速方便。市面上的麵包板有很多種尺寸, 你可依自己的需要選購。

麵包板的表面有很多的插孔。插孔下方有相連的金屬夾, 當零件的接腳插入麵包板時, 實際上是插入金屬夾, 進而和同一條金屬夾上的其他插孔上的零件接通。

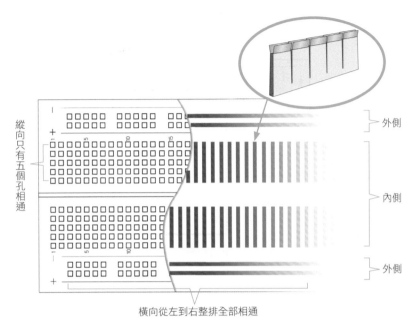

縱向只有五個孔相通

外側

內側

外側

橫向從左到右整排全部相通

使用麵包板時, 要注意的事

1. 插入麵包板的零件接腳不可太粗, 避免麵包板內部的金屬夾彈性疲乏而鬆弛, 造成接觸不良而無法使用。若零件接腳太粗, 最好將其接腳焊接 0.6mm 的單心線後, 再將單心線插入麵包板。

2. 習慣上使用紅線來連接正電, 黑線來連接負電 (接地線)。

3. 將零件插到麵包板前, 先將接腳折成適當的角度及距離後, 再插入麵包板。

4. 當實驗結束時, 記得將麵包板上的零件拆下來, 以免造成麵包板金屬夾的彈性疲乏。

麵包板分內外兩側 (如上圖)。內側每排 5 個插孔的金屬夾片接通, 但左右不相通, 這部分用於插入電子零件。外側插孔則供正負電源使用, 正電接到紅色標線處, 負電則接到藍色或黑色標線處。以下左圖的電路為例, 把它實作到麵包板上就如下右圖這樣, 請自行加以比對即可理解麵包板的使用方法。

單心線

麵包板上使用的大部分是單心線, 單心線是指電線內部為只有單一條金屬導線所構成的電線。適合 Arduino 實驗的單心線直徑為 0.6mm 左右。電線直徑是指線芯的直徑, 不包含外皮。適合 Arduino 實驗的單心線長度大約為 5~20 公分。在購買線材時, 可以購買不同長度的實驗用單心線組。電子材料行也有賣整捆的線材, 可依照個人的需求量購買, 再自行裁剪成需要的長度。若要買整捆的單心線, 切記不能只買一種顏色的單心線, 必須多買幾種顏色, 特別是分別代表正電及接地的紅線及黑線, 以免進行實驗時, 因為電線顏色都一樣而難以區別。

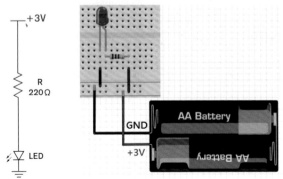

▲ 麵包板使用情形

LAB 2-1 直接點亮 LED

實驗目的

用 Arduino 板上的 +5V 供電來點亮 LED，並串接電阻限制電流量以保護 LED。本實驗也同時熟悉麵包板的使用。本實驗純係硬體實驗，因此無須寫任何程式。

材料

- Arduino Uno 板　　1 片
- 220Ω 電阻　　　　1 個
- LED　　　　　　　1 個
- 麵包板　　　　　　1 片
- 單心線　　　　　　若干

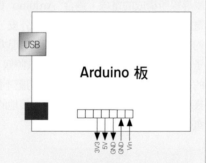

硬體加油站

在 Arduino Uno 板子上有一排 Pin 腳標示有 Power 字樣，這是有關電源的腳位。其中，我們在第 1 章已介紹過 Vin 和它旁邊的 GND。這組 Pin 腳是外部提供電力給 Arduino 板的入口。在它旁邊有一組 GND 和 5V 的 Pin 腳是 Arduino 板提供給外部使用的 5V 電力出口，凡是電路上需要 5V 的電壓，就是由這組 (5V, GND) Pin 腳取得。如果 Arduino 是採用 3.3V 供電系統，則可以由 3.3V 及旁邊 (共用) 的 GND 取得。

註：有的板子會把 3.3V 標示成 3V3 這樣可以節省電路板上的印刷空間

電路圖

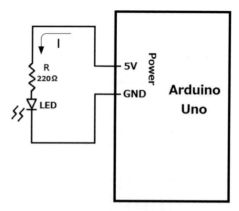

利用 Arduino 的 5V Pin 腳向外部供電點亮 LED 燈

實作圖

注意：要用 USB 線接到電腦

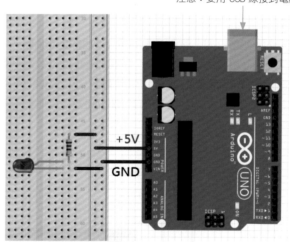

實測

依照上圖把零件接好，用 USB 線把 Arduino 板接上電腦之後，Arduino 板上的 +5V 便會提供電力經由 220Ω 限流電阻而點亮 LED 燈。

2-4 電子迴路

迴路

電子零件的連接必須構成迴路才能產生作用, 所謂迴路指的是能夠讓電流流通的電路。

請看圖 1, 電流由電池的正極(+)出發, 經過電阻 R 及 LED, 最後流回到電池的負極(-), 而形成迴路, 其中 LED 因為電流流過而亮起來。

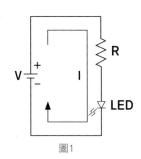

圖1

接著來看圖 2, 我們循著電池的正極 (+) 出發, 經過電阻 R 及 LED 但卻無法回到電池的負極 (-), 因此電流無法流動 (電流 I=0), 造成斷路, LED 並不會亮起來, 這樣就不構成一個迴路。

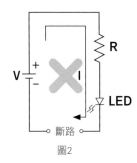

圖2

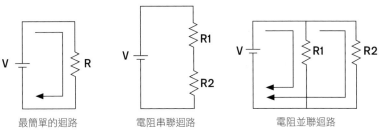

最簡單的迴路　　　電阻串聯迴路　　　電阻並聯迴路

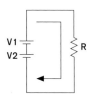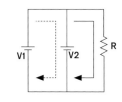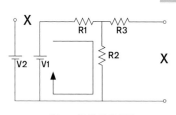

雙電源串連迴路　　雙電源並聯的迴路, 小心, V1 和 V2 兩個電源必須電壓相同, 材質一致, 否則會在V1 V2 之間產生電壓差因而造成電流(虛線處), 小則降低效率, 大則燒毀電池　　打 X 部分電路因為斷路而不構成迴路

短路

短路泛指用一導體 (如:電線) 接通迴路上的兩個點, 因為導體的電阻幾乎為 0, 絕大部分的電流會經由電線流過, 而不經過原來這兩個點之間的零件, 如此將使得該些零件失去功能。

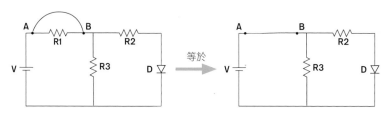

A、B 被短路, 電流直接由 A 流到 B, R1 失去作用

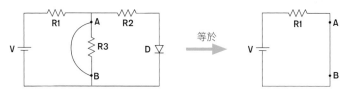

電流直接由 A 流到 B, R3、R2、D 都失去作用

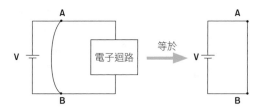

將電源短路電流直接由 A 流到 B, 因為導線電阻
幾乎為 0, 電流變得很大, 電池將發熱燒毀

如果不小心把電源的正極和負極短路, 則絕大部分的電流會直接由正極流向負極, 其他迴路幾乎沒有電流通過, 因而失去功能。這時, 連接正、負極的導線因為其電阻幾乎為 0, 所以電流非常大, 因而接觸的瞬間可能出現火花, 乾電池可能發燙, 鋰電池可能燃燒, 如果是家用的 AC 電源則可能因電線走火而發生火災! 操作者不可不慎!

2-5 接地

接地的由來

🔌 靜電的累積

物體間經過摩擦、碰撞就會把電子游離出來, 這些游離的電子會偏愛累積在某些物體上暫時不動, 因此產生靜電, 物體間累積的電子數量及正負不同, 因而造成物體間電位的差異。不同電位的物體一經接觸, 就會驅使電子從高電位流向低電位, 因此產生瞬間電流, 對人體而言就是觸電現象, 對精密的電子零件 (如 IC) 則可能造成損毀。

接地把靜電分散到地球

一般大型的電器都會把 0 電位的點接到大地(地球)把靜電分散到地球, 因為地球太大, 所以靜電幾乎分散到零, 這樣就能避免靜電的累積而觸電, 所以 0 電位的點就稱為接地點, 只要接地, 每個人都是 0 電位, 也就沒有電位差, 就不會有電流, 就不會觸電!(是指靜電觸電, 至於電源觸電還是要小心!)對於一般小型電器或手持裝置因為不會累積太多靜電, 沒有靜電觸電的危險, 所以並不會真的用一條電線去接地,

但是在繪製電子電路時, 我們還是習慣把迴路的負極 (0 電位點) 稱為接地 (Ground 簡稱 GND), 並且以 ⏚ 或 ⏛ 符號來表示。

之前提過, 電子迴路中電流從電源的正極流出, 經過各式電子元件, 最後流回電源的負極, 完成了一個迴路。

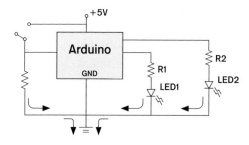

電流經過各式電子元件, 最後都流回電源的負極, 完成了迴路

這個所有電流回流的共同路線, 通常就是接到電源負極的那條線, 也就是 0 電位的地方, 我們稱為 Ground, 簡稱 GND。

在電子迴路中, 接地點代表的是 0 電位點(負極), 所有接地點都可以看成是連接在同一導線上, 也就是說:

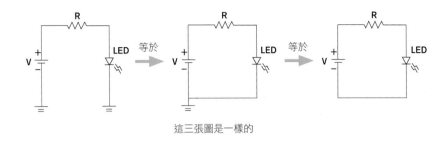

這三張圖是一樣的

左圖中 LED 和電池的負極看似形成斷路，但兩者都是接到 GND，所以是經由 GND 接通在一起的，而右圖則是把接地符號省略 (其實真的也沒接到地)，所以上面三張圖是完全一樣的。

注意：在本書中，並沒有甚麼大電流或高頻率的實驗，所以接地依照以上的原則就可以了，如果是有大電流或高頻迴路時，接地可能會有另外的問題，關於接地的學問，有興趣的人可自行深入探討。

到目前我們對 Arduino 板的認識：

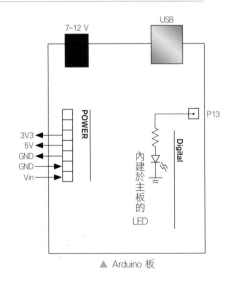

▲ Arduino 板

Memo

03 Arduino 的數位輸出/輸入

Arduino 有 Digital 0-13 腳位共計 14 個數位輸入腳位, 這些腳位可以個別做為輸出或輸入使用。本章我們將學習如何用這些腳位來做數位輸出 (Digital Output) 和數位輸入 (Digital Input)。

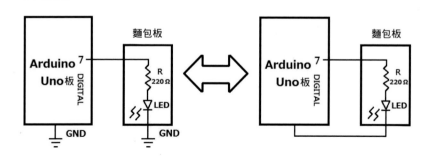

LAB 3-1   數位輸出---透過外接電路閃爍 LED

實驗目的

這次我們將透過 Arduino 驅動外接在麵包板上的 LED, 讓它閃爍。這是我們第一次從 Arduino 板外接電路的實驗。

這個實驗其實和 LAB1-1 一樣, 只不過把 Arduino 主板內建的 LED 換成麵包板上自己接線的 LED, 所以硬體上我們必須要做一些接線的動作, 而軟體上因為 OUTPUT 腳位不同, 所以 pinMode() 和 digitalWrite() 內的腳位要由 13 改為實際接線到 LED 的腳位。

材料

1. Arduino Uno 板　　 1 片
2. LED　　　　　　　 1 顆(任何顏色皆可)
3. 220Ω 電阻　　　　 1 個
4. 麵包板　　　　　　 1 片
5. 單心線　　　　　　 若干

電路圖

20

就如我們在第二章所言，上圖右邊這個電路和左邊是一樣的。本實驗我們使用數位輸出的第 7 腳位來驅動 LED。其中，為了避免電壓過高導致 LED 燒壞，必須將 LED 串聯 220Ω 的電阻再連接到 Arduino 的第 7 腳位 (pin7)。

實作圖

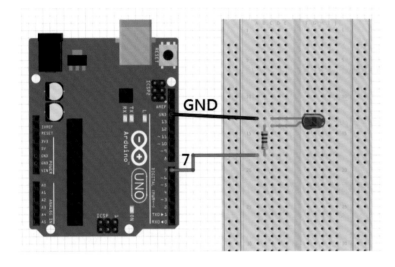

LED 的陽極(長腳或彎曲腳)串接 220Ω 電阻再連接到 Arduino 主板的數位第 7 腳位 (Digital Pin7，通常簡稱 DP7、D7、P7 或 Pin7)，LED 的陰極 (短腳) 則接地 (GND)。請注意! Arduino 主板左右都有 GND 腳位，它們都是相通的，你接哪一個 pin 都一樣，但跟大部分接線接在同一邊會比較方便。

程式碼　可在 http://www.flag.com.tw/maker/download.asp 下載

我們不用重新輸入這些程式碼，只要把 LAB1-1 的 13 改成 7 就可以了。

```
1  void setup() {
2      pinMode(7, OUTPUT);   //13改成7
3  }
4
5  void loop() {
6      digitalWrite(7, HIGH); //13改成7
7      delay(500);
8      digitalWrite(7, LOW); //13改成7
9      delay(500);
10 }
```

程式碼解說

就程式碼而言，本次實驗與 LAB1-1 的不同在於更換輸出腳位，這次使用的是第 7 號腳位，其他並無不同。你只要把 LAB1-1 程式拿來，然後把第 2、6、8 行裡頭的 13 改為 7 就好了。

🧑 軟體加油站

定義常數來增加程式可讀性與正確性

當我們從 LAB1-1 換成 LAB 3-1 的時候，因為腳位的改變，必須把第 2、6、8 行的 13 腳位改為 7。這種方法在程式變大變複雜時，會產生很大的問題!

第 1 是，逐行修改往往會有所遺漏，萬一漏掉一行，程式就不能正常運作了。解決的方式是，在程式一開頭我們就把這些腳位定義為常數名稱，例如 LED、LED_PIN、OUTPUT_PIN…等，以後要修改時，只要改變最前頭的常數定義值就好了，而不用逐一的去修改整個程式。錯誤率自然減少很多!

接下頁

第 2 是, 當程式中到處充滿 13、7、238、15、… 這種神秘數字時, 一段時間之後, 可能連自己都看不懂是甚麼意思了! 如果改用看得懂的常數名稱, 如:OUTPUT_PIN, 來代替 13、7 就會使程式的可讀性大大的提高。

第 3 是, 當你在程式中使用數字, 編譯器不會在你打錯數字時指出錯誤, 例如: pinMode (7,OUTPUT); 打字不小心變成 pinMode (8,OUTPUT); 編譯器是不會發現有甚麼錯誤的, 但是如果你把 7 定義為 LED_PIN, 然後打錯為 LDD_PIN, 編譯器就會馬上告訴你 LDD_PIN 沒有定義, 你就馬上發現打錯字了!

Arduino 內建的常數

Arduino 有幾個內建的常數: HIGH、LOW、OUTPUT、INPUT、true、false、LED_BUILTIN、INPUT_PULLUP, 這些內建常數, 我們不用定義就可以直接使用。例如 LAB1-1 已經使用過 HIGH、LOW、OUTPUT 這 3 個常數了, 在接下來的實驗還會用到後 3 個。至於 LED_BUILTIN 就是 Arduino 板上內建的那顆 LED 所接的腳位號碼, 如果你在程式裡用 LED_BUILTIN 這個常數名稱而不是直接寫成 13, 那麼當你使用其他型號的 Arduino 板時, 就不用去把 13 改成其對應的 pin 腳號碼, 因為當你設定 Arduino 板型號時, Arduino 的開發環境就已經知道 LED_BUILTIN 指的是哪一個 PIN (可能不是 13), 而會在編譯程式時把 LED_BUILTIN 這個常數值替換成正確的腳位號碼。至於 INPUT_PULLUP 的使用時機則和一些感知器 (Sensor) 的特性有關, 我們在使用到的時候再跟各位說明。

注意! 常數的值只能在宣告時設定, 如果你在程式中更改常數的值, 編譯時會出現警告訊息。

實測

　　如果程式上傳後, 麵包板上的 LED 開始以每秒一次的速率閃爍的話, 就表示你成功了。

LAB 3-2　　數位輸入---讀取按鈕訊號來控制 LED

實驗目的

　　本 LAB 要學習數位 I/O 腳位的輸入模式。使用按壓開關送出訊號給 Arduino, 經由 Arduino 的 I/O 腳位讀取該訊號, 並據以控制 LED 的亮滅。本實驗使用第 4 號腳位做為輸入腳位, 使用第 13 號腳位做為輸出腳位。

材料

- Arduino Uno 板　　1 片
- 麵包板　　　　　　1 片
- 10K 電阻　　　　　1 個
- 單心線　　　　　　若干
- 常開式按壓開關　　1 個

> 😊 **硬體加油站**
>
> **按壓開關 (Push Button)**
>
> 開關的種類很多, 本實驗使用的是按壓開關 (Push Button)。按壓開關分為常開式 (Normally Open, 簡稱 N.O.) 及常閉式 (Normally Close, 簡稱 N.C.) 兩種。當我們按下開關時, 開關的兩端會由開路 (閉路) 變為閉路 (開路), 當我們放開開關時, 開關又回復到原來狀態。本實驗使用的是常開式 (N.O.) 按壓開關。
>
>
>
> 原本開路　　按下去接通　　放開後彈開

硬體加油站

上拉電阻 (pull-up resistor) 和下拉電阻 (pull-down resistor)

在設計按壓開關的電路時, 會利用輸入腳位來讀取開關的狀態。問題是輸入腳位在沒有接受任何訊號時, 會受到周邊環境電子雜訊的影響, 而處於不確定 (undefined) 的狀況。因此我們會在電路中加裝一個電阻, 讓輸入腳位維持在確定 (known) 的電位值。

設計上, 我們依照電阻的位置可分為上拉電阻 (pull-up resistor) 及下拉電阻 (pull-down resistor) 兩種。右下圖是使用上拉電阻的電路圖, 電阻連接正電 (+5V), 未按下按鈕時, 輸入腳位接受高電位 (HIGH) 的訊號, 按下按鈕後, 輸入腳位變成接受低電位 (LOW) 的訊號, 放開按鈕後, 會回復到高電位的訊號。相反地, 若使用下拉電阻的設計, 由於下拉電阻接地 (GND), 未按下按鈕時, 輸入腳位接收低電位 (LOW) 訊號, 按下按鈕後, 變成接收高電位 (HIGH) 訊號, 放開按鈕後, 又回復到低電位。

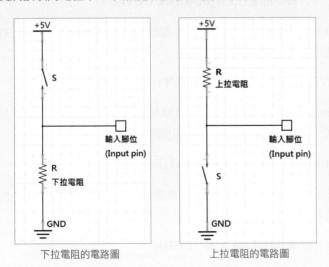

下拉電阻的電路圖　　　　上拉電阻的電路圖

註: 為什麼要接上拉或下拉電阻呢?因為若沒有串接這個電阻, 當 S 一按下去, +5V 到 GND 就變成短路, 電路就不能運作甚至燒毀電源。

接下頁

高態動作 (Active High) 及低態動作 (Active Low)

如果某裝置 (Device) 因為接收到高電位訊號而產生動作或啟動, 我們稱為**高態動作 (Active High)**。因為接收到低電位的訊號而產生動作或啟動, 則稱為**低態動作 (Active Low)**。

以 LAB 3-2 的實驗為例, 我們是採用下拉電阻的設計, 平時輸入端處於低電位, 當按鈕開關按下時, 會切入到高電位而使 LED 亮起來, 因此是高態動作 (Active High) 的裝置。如果換成上拉電阻的裝置, 則成為 Active Low 的裝置。不過程式也要跟著修改。

電路圖

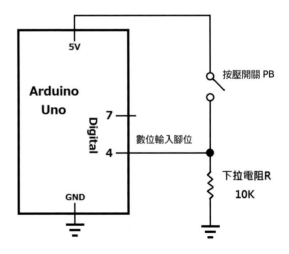

實作圖

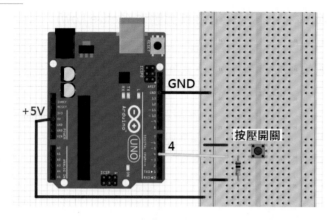

+5V

GND

4

按壓開關

程式碼　可在 http://www.flag.com.tw/maker/download.asp 下載

```
1   const int button = 4;          //宣告button為整數常數,
                                    並將其值設為4(數位pin4)
2   int btVoltage = 0;    //將按鈕電位(btVoltage)設為整數變數,初始值為0
3
4   void setup() {
5     pinMode(LED_BUILTIN, OUTPUT);   //將內建LED腳位設為輸出模式
6     pinMode(button, INPUT);         //將button腳位設為輸入模式
7   }
8
9   void loop() {
10    btVoltage = digitalRead(button);    //讀取按鈕腳位目前的電位值
11
12    if (btVoltage == HIGH){           //若按鈕狀態為高電位
13        digitalWrite(LED_BUILTIN, HIGH); //內建LED腳位
                                            HIGH,LED亮起
14    }
15    else{
16        digitalWrite(LED_BUILTIN, LOW); //LED腳位會接收到低電位熄滅
17    }
18  }
```

註:以上程式第 1 行及第 13 行後面的註解文字因為超過版面寬度, 所以折成 2 行顯示, 實際輸入時請輸入在同一行, 才能正確執行。後續其他範例遇到相似情況時也都比照處理, 不再重複說明。

程式碼解說

本程式運用前面所介紹的常數設定方式, 把數位 I/O 腳位 4 設為 button 常數, 並且使用 Arduino 預設的 LED_BUILTIN 常數。

● 第 1 行　**const int button = 4;**

"const int button = 4" 可以拆成 "const int button" 及 "button = 4" 兩個動作。前者宣告 button 為整數型別 (type) 的常數。後者 "button = 4", 則把 button 常數的值設為 4。

● 第 2 行　**int btVoltage = 0;**

本行將 btVoltage 宣告為整數變數, 並且將它的值設為 0。btVoltage 是用來紀錄開關的電位, 當開關未按下時, 它的電位值為 0, 當按下開關, 它的值為 "HIGH"。

● 第 5 行　**pinMode (LED_BUILTIN, OUTPUT)**

將 LED_BUILTIN (第 13 pin) 腳位的模式設為輸出 (OUTPUT) 狀態, 以便由第 13 I/O 腳位輸出電壓。

● 第 6 行　**pinMode (button, INPUT)**

將 button (第 4 pin) 腳位的模式設為輸入 (INPUT) 狀態, 以便由此腳位讀取 (Read) 按壓開關送過來的電位值。

● 第 10 行　**btVoltage = digitalRead (button)**

"digitalRead(button)" 這個函式會讀取 button 腳位的電位值。並將讀取的值存入 btVoltage 這個變數內。

● 第 12 行　**if (btVoltage = = HIGH){**

檢查 btVoltage 的值是否為 HIGH, 請注意要使用 "= =", 而不是 "="。

> **軟體加油站**
>
> "==" 是 C 語言的比較運算，"=" 是設值運算。
>
> 例如 "a==b" 是比較 a 和 b 是否相等，比較後 a 和 b 的值還是保持各自原來的值。
>
> 但是 "a=b" 是把 b 的值設給 a，此後 a 的值就變成 b 的值。

- 第 13 行　**digitalWrite(LED_BUILTIN, HIGH)**
- 第 14 行　**}**
- 第 15 行　**else {**
- 第 16 行　**digitalWrite(LED_BUILTIN, LOW)**
- 第 17 行　**}**

　　第 12~17 行這段程式碼會依照第 10 行讀取到的按鈕電位 (btVoltage)，來點亮或熄滅 LED。整段程式碼的意思是「如果 (if) 按鈕電位 (btVoltage) 是高電位 (HIGH)，就將高電位 (HIGH) 輸出到 LED_BUILTIN 腳位。否則 (else)，將低電位 (LOW) 輸出到 LED_BUILTIN 腳位」。

實測

　　上傳程式後，在未按下按鈕前，LED 是暗的。當你按下按鈕後，Arduino 板內建於 pin13 的 LED 會亮起來，放開按鈕後，LED 顯示燈會熄滅的話，就表示你實驗成功了。

練習

　　請把本實驗改成 Active Low。請注意! Arduino 系統是由硬體和軟體組成的，所以修改硬體時，軟體也要同時修改!

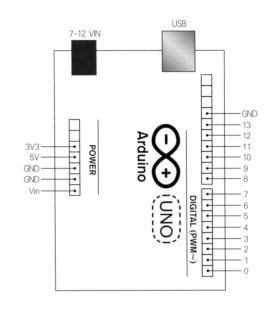

04

Arduino 的
類比輸出/輸入

第 3 章我們學習了 Arduino 的數位輸出入, 但是數位
輸出入因為只有 0 和 1 兩種狀態, 因而使用上有其
限制。本章我們將學習 Arduino 的類比 (Analog) 輸
出入功能, 使用類比訊號, 我們可以連續的輸出各種
數值的電壓電流, 也可以讀取各種數值的電壓電流。

LAB 4-1　類比輸出---使用 PWM 控制 LED 亮度

實驗目的

利用 PWM (Pulse Width Modulation) 脈衝寬度調變, 使 LED 能夠
產生漸亮漸暗的效果, 也就是一般所謂的呼吸燈。

材料

- Arduino Uno 板　　1 個
- 麵包板　　　　　　1 個
- LED　　　　　　　1 個
- 220Ω 電阻　　　　 1 個
- 單心線　　　　　　若干

接線圖

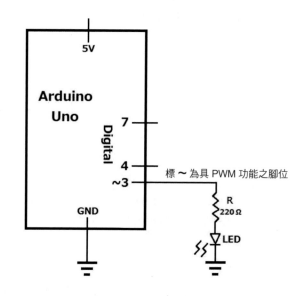

實作圖

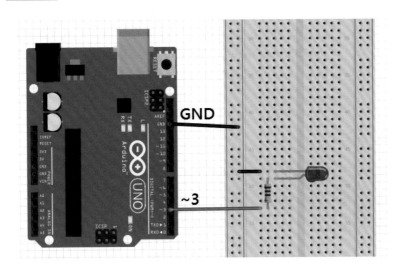

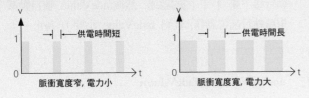

❗ 什麼是脈衝寬度調變 (PWM)

脈衝寬度調變 (Pulse Width Modulation, 簡稱 PWM) 是以長方形脈波 (Pulse) 的方式供電, 然後在供電的週期內調整脈波寬度, 也就是週期內的供電時間。若在週期內的供電時間越長, 脈衝寬度就越寬, 所提供的電力就越大；若在週期內的供電時間越短, 脈衝寬度就越窄, 所供給的電力就越小。

硬體加油站

Arduino UNO 板的 PWM I/O 腳位

在 Arduino UNO 板的 14 個數位 I/O 腳位中, 只有 6 個腳位是具有 PWM 功能的腳位, 分別是 3、5、6、9、10、11 號, 其他 I/O 腳位則不具有 PWM 功能。在 UNO 板上這些腳位旁印有 "~" 做為標示, 例如 "3~ 或 ~3", 表示這是有 PWM 功能的 I/O 腳位。

一般 PWM 是用 8 個位元來控制, 因此可以分成 2^8=256 段, 也就是脈衝的寬度由 0、$\frac{1}{256}$、$\frac{2}{256}$、$\frac{3}{256}$、$\cdots$、$\frac{255}{256}$ 共 256 種寬度, 提供 256 段的電力(能量)。

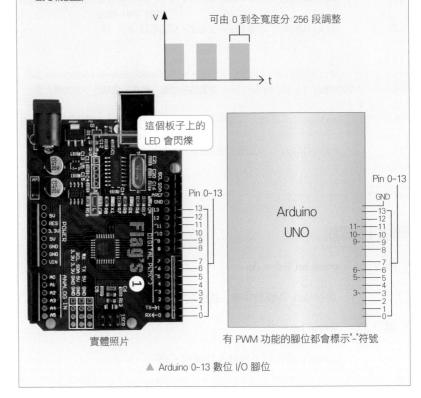

▲ Arduino 0~13 數位 I/O 腳位

```
1    const int led = 3; //宣告整數常數 led, 並將其值設為 3
2
3    void setup() {
4        //setup()內不須寫入程式碼
5    }
6
7    void loop() {
8        for (int fadeValue = 0 ; fadeValue <= 255; fadeValue =fadeValue + 15)
9        //設定後方 {} 內 fadeValue 變數的初始值、條件、每執行一次的變化量
10       {
11           analogWrite(led, fadeValue); //將 PWM 調整後的電壓值輸出到指
                                          定的 PWM 腳位
12           delay(100);    //使程式停止在上一行的階段 0.1 秒
13       }
14
15       for (int fadeValue=255 ; fadeValue>= 0; fadeValue =fadeValue - 15)
16       //設定後方 {} 內 fadeValue 變數的初始值、條件、每執行一次的變化量
17       {
18           analogWrite(led, fadeValue); //將 PWM 調整後的電壓值輸出到指
                                          的 PWM 腳位
19           delay(100);    //使程式停止在上一行的階段 0.1 秒
20       }
21   }
```

程式碼解說

- 第 1 行　　**const int led = 3;**

  宣告 led 為整數常數, 並將它的值設為 3。

- 第 3 行　　**setup() { }**

  setup() 函式內不須寫入任何程式碼。

- 第 8 行　　**for(int fadeValue = 0, fadeValue <=255, fadeValue = fadeValue +15)**

  for是重要的 C 語言敘述。**for(int fadeValue = 0, fadeValue <=255, fadeValue = fadeValue +15)**的意思是第一次執行時 fadeValue 值先設為 0, 只要 fadeValue 的數值小於或等於 255, 就執行接下來 {} 內的敘述, 然後 fadeValue 值自動加 15, 並重覆執行前述動作, 直到 fadeValue 大於 255 為止。

- 第 10 行　　**{**

- 第 11 行　　**analogWrite(led, fadeValue);**

- 第 12 行　　**delay(100);**

- 第 13 行　　**}**

  analogWrite(led, fadeValue) 是將 fadeValue 的供電時間寫入 (輸出) 到指定的 PWM 腳位。fadeValue 的數值介於 0 到 255 之間。0 表示供電時間為 0%, 255 表示供電時間為 100%。然後, 每執行到 delay(100); 時, 程式就會暫停約 100 ×1 毫秒=0.1秒。利用迴圈執行這部分的程式碼時, LED 會逐漸變亮, 當 value=255 時, 會使 LED 達到全亮。

- 第 15 行　　**for(int fadeValue = 255, fadeValue >=0, fadeValue = fadeValue -15)**

  當執行到後方 {} 的程式碼時, fadeValue 的初始值為 255, 執行接下來 {} 內的敘述, 然後fadeValue 值自動減 15, 並重覆執行前述動作, 直到 fadeValue 小於 0 為止。

- 第 17 行　　**{**

- 第 18 行　　**analogWrite(led, fadeValue);**

- 第 19 行　　**delay(100)**

- 第 20 行 }

> **analogWrite(led, fadeValue)**將 fadeValue 的供電時間寫入(輸入)到指定的 PWM 腳位。fadeValue 的數值介於 0 到 255 之間。每執行到 delay(100);時，程式就會暫停約 1 秒×100 毫秒=0.1秒。執行完這段的程式碼後，會使 LED 的亮度逐漸降低，當 fadeValue=0 的時候，LED 會完全熄滅。

實測

如果上傳程式成功的話，便會看到 LED 的亮度產生漸明漸暗的變化。

🧑 軟體加油站

什麼是 analogWrite( ) 函式呢?

數位 I/O 腳位 3 明明是數位 (digital) 的腳位，為何是使用 analogWrite( ) 函式呢？這是因為腳位 3 具有數位輸出及 PWM 輸出兩種輸出功能，當腳位 3 做數位輸出時，就如我們以往一般，是使用 digitalWrite( )，digitalWrite( ) 的輸出只有兩個值，也就是 0 和 1。以電表實測時，數位 0 是對應到 0 伏特，而數位 1 是 5 伏特，也就是只能輸出兩個電位。當腳位 3 要做 PWM 輸出時，則必須使用 analogWrite( ) 函式，analogWrite( ) 可以由 0 伏分 256 段逐段升到 5 伏，也就是 analogWrite( ) 是可以輸出 256 段電位。

不過 analogWrite( ) 並不是真的 analog (類比)，因為真的 analog 基本上應該是連續的，也就是無限段的，但 analogWrite( ) 雖然有 256 段也還是有限的，所以 analogWrite( ) 應該只能說是有限段的類比輸出，或是仿類比輸出。

模式	函式	數位輸出腳位
數位輸入	digitalRead( )	0~13
數位輸出	digitalWrite( )	0~13
類比輸出	analogWrite( )	3、5、6、9、10、11
類比輸入	analogRead( )見下一節	A0~A5

LAB 4-2　類比輸入---用可變電阻調整 LED 亮度

實驗目的

使用類比輸入腳位來讀取可變電阻的電壓，以調整 LED 的亮度。

材料

- Arduino Uno 板 1 片
- 可變電阻 1 個
- 220Ω 電阻 1 個
- 麵包板　　　 1 片
- LED　　 1 顆
- 單心線　　 若干

❗ 關於可變電阻

可變電阻 (Variable Resistor, 簡稱 VR) 是手動式的可調電阻。可變電阻有三個接腳，轉動其旋鈕可調整電阻值。通常我們會在可變電阻的兩端 (第 1 及第 3 腳) 接上 V 電壓，這時 P 點 (第二腳) 的電壓值是由 P 點相對於第 1 及第 3 腳的 (即 R1 和 R2) 比值來決定的。P 點的電壓值為 $\frac{R2}{R1+R2}V$，其中 R1+R2=R 為可變電阻的總電阻值，當我們旋轉可變電阻的旋鈕，R1 和 R2 的值會改變，因此 P 點的電壓也就跟著改變。

可變電阻照片

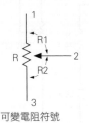

可變電阻符號

轉動轉軸可以改變 R1 和 R2 的值，但 R1+R2 永遠為 R。

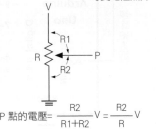

$$P 點的電壓 = \frac{R2}{R1+R2}V = \frac{R2}{R}V$$

電路圖

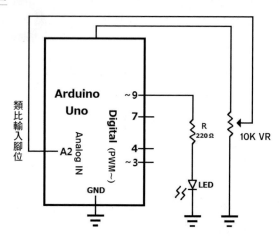

類比輸入腳位

Arduino Uno

Analog IN

Digital (PWM~)

~9
7
4
~3

A2

GND

R
220Ω

LED

10K VR

實作圖

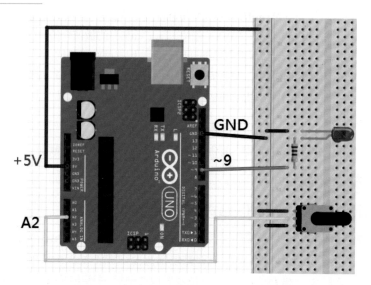

GND

+5V

~9

A2

程式碼　可在 http://www.flag.com.tw/maker/download.asp 下載

```
1   const int variable = A2; //宣告 variable 為整數常數,
                             並將其值設為 A2
2   const int led = 9; //宣告 led 為整數常數, 並將其值設為 9
3
4   void setup() {
5       //setup()內沒有程式碼
6   }
7
8   void loop() {
9       int sensorValue = analogRead(variable);
10      //analogRead(variable) 由類比輸入腳位讀取可變電阻的電壓值,
11      //並傳回介於 0~1023 的整數值來對應原本的電壓值
12      //宣告感測數值變數為整數變數, 其值等於 analogRead(variable)
          的傳回值。
```

接下頁

```
13    analogWrite(led, sensorValue/4);
14    //使用 analogWrite() 將 sensorValue 輸出到 PWM 腳位, 點亮 LED
15    //由於 analogWrite() 函式只接受 0~255 之間的數值,
16    //所以必須將 sensorValue 除以 4
17    delay(150);//延遲程式執行 0.15 秒
18    }
```

程式碼解說

* 第 1 行　**int variable = A2;**

  宣告 variable 為整數變數, 並將其值設為 A2。A2 是 Arduino 開發環境預先定義的常數, 其值為 16。

* 第 2 行　**int led = 9;**

  宣告 led 為整數變數, 並將其值設為 9。

* 第 5 行　setup( ) 函式內沒有程式碼

* 第 9 行　**int sensorValue = analogRead(variable);**

  analogRead(variable) 由 ADC 的類比輸入腳位讀取類比的電壓值, 經過 ADC 處理後, 傳回介於 0 到 1023 的整數值。本敘述同時宣告感測數值 sensorValue 變數為整數變數, 並將 analogRead(variable) 的回傳值存到 sensorValue 上。

* 第 13 行　**analogWrite(led, sensorValue/4);**

  使用 analogWrite(led, sensorValue/4) 將 analogRead(variable) 的回傳值傳到 PWM 腳位, 使 LED 點亮。由於 analogWrite( ) 只接受介於 0 ~ 255 之間的數值, 所以必須將介於 0~1023 的 sensorValue 變數除以 4。

* 第 17 行　**delay(150);**

  程式執行到此行時, 會停止在上一行的狀態 0.15 秒。

實測

上傳程式後, 轉動可變電阻的旋鈕, LED 的亮度會因可變電阻的電壓值而改變。當可變電阻的旋鈕轉到最大值時, LED 會達到最亮, 相反地, 轉到最小值時, LED 便會熄滅。

到目前我們對 Arduino 板的認識：

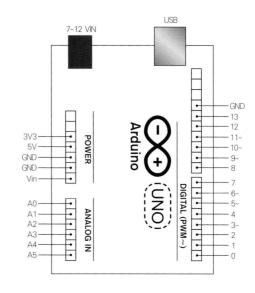

認識了這些 Arduino 基本的腳位功能, 就足夠讓我們做出許多實用的設計作品了。

05

用序列埠 Serial Port 與 PC 通訊

序列通訊可以讓 Arduino 和其他設備相互傳送訊息。Arduino 提供十分簡易的函式, 只要一、兩行程式就可以讓 Arduino 和 PC 互傳訊息。不過一般最常用的是在 PC 觀看 Arduino 傳過來的訊息, 以便了解 Arduino 系統是否如預期的工作, 這對於偵察系統的錯誤 (偵錯, Debug) 十分有用。本章我們就介紹如何由 Arduino 把資料傳送到 PC 的方法。

LAB 5 使用 Serial Port 將資料傳送到序列埠監控視窗

實驗目的

學習使用 Arduino 的序列埠 (Serial Port) 和個人電腦溝通。本實驗我們使用 Arduino 的序列埠來傳送可變電阻的電壓值到電腦, 並顯示在電腦的螢幕上。

材料

- Arduino Uno 板　　1 個
- 麵包板　　　　　　1 個
- 可變電阻　　　　　1 個
- 單心線　　　　　　若干

> **❗ 什麼是序列埠 (Serial port)?**
>
> Uno 板的數位 I/O port 第 0 腳位及第 1 腳位除了做為數位 I/O 功能之外, 同時也具有序列傳輸 (serial I/O) 的功能。標示 "RX" 的第 0 腳位負責接收 (Receive) 資料, 而標示 "TX" 第 1 腳位則是負責送出 (Transmit) 資料。
>
> 那麼, RX/TX 是要傳送到哪裡呢? Arduino 的 RX/TX 可透過板子上的 USB 接頭傳送, 所以如果 USB 是接到電腦, 那 serial 傳送的資料就可以送到電腦。如果 Arduino 板的 RX/TX (第 0、1 腳位) 接到其他設備則 serial 的資料就會傳送 (或接受) 到該設備上, 不過先決條件是, 該設備必須也有相對應的軟硬體來和 Arduino 相互傳送資料。

接下頁

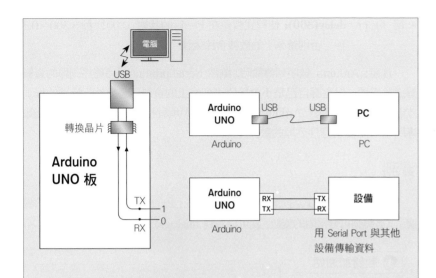

另外, 在 Uno 板上有分別標示 TX 及 RX 的內建 LED, 當 Arduino 上傳程式碼時, 我們可以看到這兩顆 LED 會頻繁地閃爍, 代表正在傳送資料。這裡要特別注意的是, 當我們使用序列埠的同時, 就不能再使用第 0、1 數位腳位進行數位 INPUT/OUTPUT 了。

注意: 其實 RX/TX 才是真正用來傳輸資料的接口, USB 只是 RX/TX 借道的通路, 方便用來連接電腦而已。正常的做法是 RX/TX 直接接到對方的 TX/RX。但雙方都必須用程式來處理 RX/TX 的資料送出與接收。

序列傳輸時, 傳送方和接受方的傳輸速率必須相同。序列傳輸的速率單位稱為**鮑率** (Baud Rate), Arduino 的鮑率通常設為 9600 Baud。

電路圖

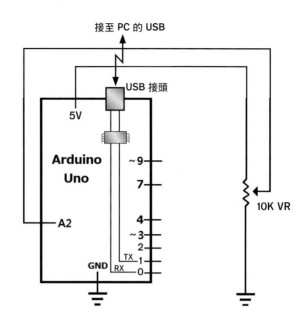

實作圖

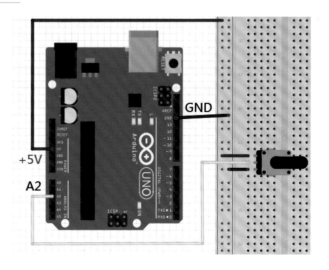

```
1    const int analogPin = A2;  //用類比 A2 腳位來讀取可變電阻的電壓
2    int readVal ;  //用readVal來存放讀到的值
3
4    void setup() {
5        Serial.begin(9600); //開啟序列埠, 並設定鮑率
6    }
7
8    void loop() {
9        readVal = analogRead(analogPin);  //用 analogRead 函式讀取
                                             可變電阻的電壓值
10       Serial.println(readVal);  //將讀到的值傳送到序列埠監控視窗
11       delay(300);
12   }
```

程式碼解說

- 第 1 行　**const int analogPin = A2;** 用類比輸入腳位 A2 來讀取可變電阻的電壓。

- 第 2 行　**int readVal;** 宣告 readVal 為整數變數, 用來儲存可變電阻的電壓值。

- 第 5 行　**Serial.begin(9600);** Serial.begin(鮑率) 這個函式會開啟序列埠, 並設定傳輸的速率為 9600 鮑率。設定傳輸速率是為了使 Arduino 及電腦之間保持相同的傳輸速率, 必須雙方保持相同的傳輸速率, 資料的傳輸才會正確。

- 第 9 行　**readVal = analogRead (analogPin);** 使用 analogRead (analogPin) 來讀取可變電阻的電壓值, 並儲存至 readVal 變數。

- 第 10 行　**Serial.println (readVal);** Serial.println ( ) 可將序列埠的資料傳送給電腦, 並顯示在 Arduino 的整合開發環境所提供的序列埠監控視窗, 並且將每個數據分行顯示, "println" 的 "ln" 是 line 的縮寫, 注意 "l" 是小寫的 L, 請不要弄錯了。若是使用 **Serial.print( )** 函式, 則數據不會換行, 而會全部連接顯示在同一排。

- 第 11 行　**delay(300);** 使程式暫停在上一行的狀態 0.001 秒×300＝0.3 秒。否則螢幕上的數據會跑太快。

注意: Arduino 做序列傳輸時, 雖然 Serial.println( ) 可將序列埠的資料傳送給電腦, 但電腦自己是不會接收序列埠上的資料, 必須執行特別的程式才能接收資料。例如 Arduino 的整合開發環境就提供一個序列埠監控視窗, 專門用來接收/傳送序列埠的數據 (資料)。

實測

如果成功上傳程式, 按下 Arduino 視窗右上角的 🔎 , 會出現如下圖的視窗, 試著轉動可變電阻的旋鈕, 就可以看到 analogRead( ) 所傳過來的數值。

▲ 序列埠監控視窗的畫面。

Arduino 端的鮑率可以在程式碼設定, 而電腦端的鮑率則必須在序列埠監控視窗右下角來做設定。例如本實驗的程式碼設定為 9600, 所以在開啟序列埠監控視窗時, 必須注意視窗右下角的電腦端的鮑率也必須設為 9600, 如此一來, Arduino 端及電腦端兩者的傳輸速率才會相同。

如果只將序列埠監控視窗的電腦端的鮑率改成 19200 baud, 程式碼中的鮑率仍維持 9600 baud 的話, 序列埠資料傳送的狀況會變怎樣呢?

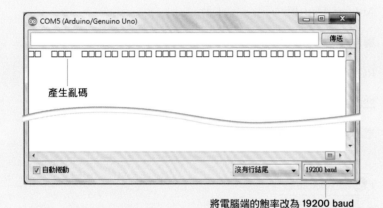

將電腦端的鮑率改為 19200 baud

▲ 若單方面將電腦端的鮑率改為 19200, 傳輸資料會變成一串無意義的亂碼。

如果不更改程式碼上的傳輸速率, 只將電腦端的傳輸速率改為其他數值, 兩端的傳輸速率會不一致, 導致序列埠監控視窗的資料會變成亂碼。

序列埠傳輸有甚麼用呢

由 Arduino 把資料經由序列埠傳到電腦有甚麼用呢? 用途很多, 其中一個用途是我們可由序列埠監控視窗內看到 Arduino 上某些硬體節點上的電壓值或其他數據, 經由這些數據我們可以觀察到 Arduino 電路上的狀態, 進而了解其運作情形, 這十分有助於偵錯 (debug) 的依據! 例如本例, 我們就可以看到送過來的數據會因為我們轉動可變電阻而改變, 這就表示可變電阻是有在運作了。

到目前我們對 Arduino 板的認識：

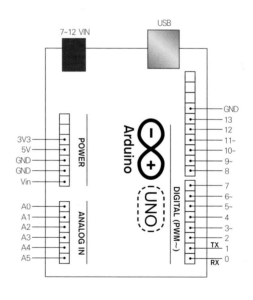

06 三色 LED 的控制

接下來幾章, 我們就以前面 5 章學過的知識來做一些實作, 同時對一些硬體元件、感知器及程式多一些練習。

之前我們學會如何點亮 LED, 這次我們要點亮三色 LED, RGB 三色 LED 是把紅、藍、綠三個 LED 包裝成一顆 LED, 我們可以個別控制其發光, 因此三色 LED 除了能夠單獨發出紅、綠、藍三種色光外, 還可混搭出各種顏色的光。若三色發光強度相同, 則可呈現出白光。

不過在本實驗中, 你會發現色光的控制並不是那麼容易, 並且所謂的 PWM 原理也有其缺陷。往後我們將會體驗到, 系統的設計, 需要處理的因素很多, 除了軟體、硬體電路之外, 有時還要處理電子元件的特性、各類感知器的物理化學性質, 以及使用者的生理、心理問題等等, 凡此種種都是一個產品設計者所需要挑戰的。

LAB 6 RGB 三色 LED

實驗目的

本實驗使用 PWM 來產生不同大小的電壓以驅動三色 LED, 使 LED 產生各種色光組合的變化。

材料

- Arduino Uno 板   1 片
- 麵包板   1 片
- RGB 三色 LED (共陰極)   1 個
- 220Ω 電阻   3 個
- 單心線   若干

> **😊 硬體加油站**
>
> #### RGB 三色 LED
>
> RGB 三色 LED 除了能夠單獨發出紅、綠、藍三種色光外, 如果使 LED 同時發出其中兩種色光, 則可產生淡黃色 (紅光 + 綠光)、青色 (綠色 + 藍色) 及紫色 (紅色 + 藍色) 等色光, 如果同時發出等亮的紅綠藍三種色光, 則可產生白光。
>
> RGB 三色 LED 分成共陰極 (**common cathode**, 簡稱 **CC**) 和共陽極 (**common anode**, 簡稱 **CA**) 兩種。共陰極是將 RGB 三個 LED 的陰極相連形成一個共同接腳, 而共陽極則是將 RGB 三個 LED 的陽極相連形成一個接腳。因此 RGB 三色 LED 共有 4 個接腳, 其中三隻較短的接腳分別
>
> 接下頁

控制三種色光, 另外一隻最長的接腳就是公共 (共陰極或共陽極) 的接腳, 又稱為 **COM** 腳。本實驗所使用的三色 LED 是採用共陰極方式, 如下圖所示, 其接腳由左到右分別為紅色、COM 腳、綠色、藍色。

在外觀上, 共陰極和共陽極的零件看起來完全相同, 所以在購買時, 必須分清楚是購買共陰極或共陽極的零件。如果你不知道 LED 是共陰極或共陽極, 可以使用三用電錶來做判定。

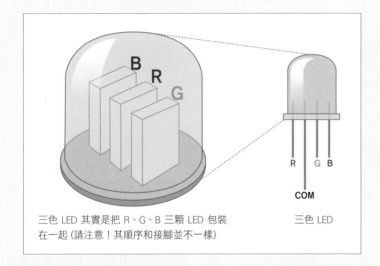

三色 LED 其實是把 R、G、B 三顆 LED 包裝在一起 (請注意!其順序和接腳並不一樣)

三色 LED

在此要注意的是雖然共陰極和共陽極的零件外觀相同, 但其接法和程式碼卻是完全相反。在接法方面, 共陰極的零件, 其 COM 腳必須接地, 若是共陽極的零件, 其 COM 腳則必須接到正電源。在此 Arduino 實驗中, 我們是使用共陰極的三色 LED, 因此 COM 腳必須接地, 而三隻控制色光的接腳則必須經由限流電阻接到 PWM 數位 I/O 腳位。在程式碼方面, 共陰極的三色 LED 必須使用高電位的訊號來驅動, 共陽極的零件則必須使用低電位的訊號來驅動。

電路圖

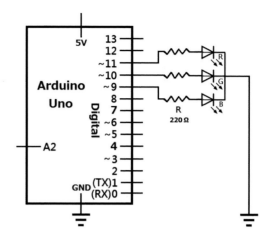

實作圖

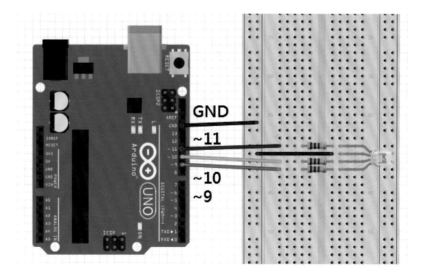

```
1    const int bluePin = 9;    // 設定bluePin 的PWM驅動腳位
2    const int greenPin = 10;  // 設定greenPin 的PWM驅動腳位
3    const int redPin = 11;    // 設定redPin 的PWM驅動腳位
4    void setup() {
5    }

6    void loop() {
7       int blueValue =0;      // blueValue為藍燈PWM驅動值,初值為0
8       int redValue = 0;      // redValue為紅燈PWM驅動值,初值為0
9       int greenValue = 0;    // greenValue為綠燈PWM驅動值,初值為0

10      for(redValue=1; redValue<=255; redValue+=1){ //紅色呼吸燈迴圈
11         analogWrite(redPin, redValue);
12         delay(10);
13      }
14      for(redValue=255; redValue>=0; redValue-=1){
15         analogWrite(redPin, redValue);
16         delay(10);
17      }
18      for(greenValue=1; greenValue<=150; greenValue+=1){ //綠色呼吸
                                                            燈迴圈
19         analogWrite(greenPin, greenValue);
20         delay(10);
21      }
22      for(greenValue=150; greenValue>=0; greenValue-=1){
23          analogWrite(greenPin, greenValue);
24          delay(10);
25      }
26      for(blueValue=1; blueValue<=255; blueValue+=1) { //藍色呼吸燈
                                                          迴圈
27         analogWrite(bluePin, blueValue);
28         delay(10);
29      }
30      for(blueValue=255; blueValue>=0; blueValue-=1) {
31         analogWrite(bluePin, blueValue);
```

接下頁

```
32         delay(10);
33      }

34      for (int i=1; i<=100;i+=1) {   // 用亂數亮燈100次的迴圈
35         redValue=random(1,30);
36         greenValue=random(1,20);
37         blueValue=random(1,50);

38         analogWrite(redPin,redValue);
39         analogWrite(greenPin,greenValue);
40         analogWrite(bluePin,blueValue);
41         delay(500);
42      }

43      analogWrite(redPin,0);
44      analogWrite(greenPin,0);
45      analogWrite(bluePin,0);
46   }
```

程式碼解說

- 第 1~3 行 **const int bluePin = 9;**

  　　　　const int greenPin = 10;

  　　　　const int redPin = 11;

  　　將藍色 bluePin、綠色 greenPin、紅色 redPin 腳位設為具 PWM 能力之第 9、10、11 Pin。

- 第 7~9 行 **int blueValue =0;**

  　　　　int redValue =0;

  　　　　int greenValue =0;

  　　將藍、紅、綠燈的 PWM 驅動值 blueValue、redValue、greenValue 設為整數變數, 並將其初始值設為 0

- 10~17 行 是紅色 LED 呼吸燈的迴圈。程式中 redValue+=1 就是 redValue=redValue+1 的簡寫；同理, redValue-=1 就是 redValue=redValue-1 的簡寫

- 18~25 行 是綠色 LED 呼吸燈的迴圈。
- 26~33 行 是藍色 LED 呼吸燈的迴圈。

這些迴圈有一個重點，就是每個迴圈的最後，各 LED analogWrite() 的 PWM 驅動值，例如 blueValue 必須是 0，因為如果不是 0，那個顏色的燈就不會完全熄滅，會干擾其他顏色的顯示。所以務必在某一色的 LED 驅動週期完全為 0 之後，才開始點亮另一顆 LED，否則你會看到前一次點亮的 LED 還是在發光，而且還蠻亮的！

另外，因為綠色 LED 一般都比藍、紅色亮，所以 18-25 行的 greenValue 最高只到 150 以免三色的亮度差異太大。

- 34~42 行 是以亂數函式 random(min,max) 來產生介於 min 至 max 間的亂數。但是為什麼 redValue、greenValue、blueValue 的 random() 函式其 max 值會不同呢？這是因為一般市售的三色 LED，其 RGB 各色亮度並不相同，由於一般簡單的三色 LED 只不過是把 RGB 三色 LED 包裝在一起，但是不同色光的 LED 它的光電特性並不相同，比如說藍光 LED 需要的工作電比較高，因此在同樣的供電條件下，藍光就不像紅色或綠色 LED 來得那麼亮，所以必須適度調整 max 值來讓 RGB 三色的亮度不會落差太大。正規來講，三色 LED 各色光亮度應該一樣，所以驅動值也不用特別調整，但這種規格的 LED 造價就比較高，你可以依自己的需要選購。

- 43~45 行 將各色 LED 熄滅。

實測

上傳程式後，LED 分別先以紅、綠、藍的顏色做出呼吸燈的效果，最後再以隨機亂數的 RGB 組合來產生各種顏色的光。

注意，由於 RGB 三色的 LED 並不是真的重疊在一起，所以近看還是可以看到個別原色的色光，而黃色、青色、紫色等組合出來的效果必須遠看才會看得出來。總之，各色 LED 間的距離愈近，組合顏色的效果就愈好。但是，一般這種簡易型的三色 LED 三色燈芯封裝的間距也不是等距離，所以就沒辦法要求做出太好的效果了！

用 PWM 驅動 LED 時，你會發現並不是那麼平順，也就是呼吸燈一開始就很快變亮，而後續加亮的動作就不那麼明顯，這主要是人的眼睛對於亮度有調節作用，當亮度很小時，眼睛會自動提高其靈敏度，所以當 PWM 在最小驅動週期 (1/256) 時，眼睛已經察覺了，而當 LED 夠亮時，眼睛又自動把靈敏度調低，所以後半段，例如: 50/256 - 255/256 這段驅動週期，感覺又沒有快速變亮了。

要克服這個問題，可以拉長前段時間，縮短後段時間，會有較明顯的效果。

探討

三色 LED 線路可否設計成下圖呢？請想想看？預測一下結果會變怎樣？

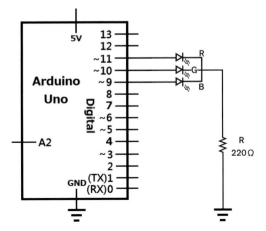

07 LED 排燈

LED 是常用的顯示裝置，前面我們用數位輸出及類比輸出（PWM）驅動過 LED，也使用過 3 色的 LED，本章我們就來練習驅動 10 顆 LED 並做出顯示效果。我們要逐漸增加硬體接線的複雜度，並嘗試在程式上做些微的變化來改變 LED 的顯示效果。

LAB 7-1　使 LED 排燈左右來回點亮

實驗目的

排成一排的 LED 稱為 LED 排燈。我們可以將本實驗將使用 Arduino 使 LED 排燈左右來回閃爍。

材料

- Arduino Uno 板　　1 個
- 麵包板　　　　　　1 個
- LED　　　　　　　10 個
- 220Ω 電阻　　　　10 個
- 單心線　　　　　　若干

電路圖

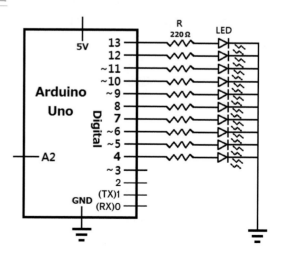

實作圖

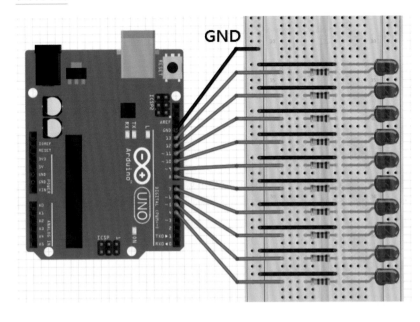

GND

程式碼　可在 http://www.flag.com.tw/maker/download.asp 下載

```
1   const int firstLedPin = 4; //設定開頭LED腳位編號，並設為整數常數
2   const int lastLedPin = 13; //設定最後LED腳位編號，並設為整數常數
3   void setup() {
4     for(int led = firstLedPin; led <= lastLedPin; led= led +1){
5       pinMode(led, OUTPUT); //將每個數位輸入入腳位(4~13)設為OUTPUT模式
6     }
7   }
8   void loop() {
9     for(int led = firstLedPin; led <= lastLedPin; led= led +1) {
10      digitalWrite(led, HIGH); //將高電位輸出到led腳位
11      delay(100);
12      digitalWrite(led, LOW); //將低電位輸出到led腳位
```
接下頁

```
13    }
14    for(int led = lastLedPin; led >= firstLedPin; led= led -1) {
15      digitalWrite(led, HIGH); //把高電位輸出到led腳位
16      delay(100);
17      digitalWrite(led, LOW); //將低電位輸出到led腳位
18    }
19  }
```

程式碼解說

- 第 1~2 行　設定開頭及最後 LED 腳位編號，並設為整數常數。

- 第 3~7 行　將所有 LED 驅動腳位 (4-13pin) 全部設為 OUTPUT 模式。

- 第 9~13 行　用 for( ) 迴圈從第一個 LED 開始用 digitalWrite(led, HIGH) 點亮，delay(100) 後，用 digitalWrite(led, LOW) 熄滅。接著由下一個 LED 做同樣的動作，重複執行到 lastLedPin 為止。這樣 LED 就由低到高位依序亮滅。

- 第 14~18 行　和 9~13 行的迴圈一樣，只不過順序相反，LED 是由高到低位亮回來。

實測

　　成功上傳程式後，LED 排燈將從由右向左依序亮滅，當亮到最左邊的 LED 後，會再由左向右依序亮滅，並且維持這樣的亮燈循環持續下去。

　　注意！實驗做完請不要馬上把線路拆掉，我們只要改一點程式，系統的行為馬上會有不一樣的效果。請看下一個實驗。

LAB 7-2 改變 LED 掃瞄的速度

實驗目的

改變 LED 來回亮燈的速度。

材料

同 LAB7-1。

電路圖

同 LAB7-1。

實作圖

同 LAB7-1。

程式碼　可在 http://www.flag.com.tw/maker/download.asp 下載

```
1  const int firstLedPin = 4;
2  const int lastLedPin = 13;
3  void setup() {
4    for(int led = firstLedPin; led <= lastLedPin; led= led +1){
5      pinMode(led, OUTPUT);
6    }
7  }
8  void loop() {
9    for(int speed=0;speed<=5;speed=speed+1) {  //這裡不一樣
10     for(int led = firstLedPin; led <= lastLedPin; led= led +1) {
11       digitalWrite(led, HIGH);
12       delay(speed*20); //這裡不一樣
13       digitalWrite(led, LOW);
14     }
```

接下頁

```
15     for(int led = lastLedPin; led >= firstLedPin; led= led -1) {
16       digitalWrite(led, HIGH);
17       delay(speed*20); //這裡不一樣
18       digitalWrite(led, LOW);
19     }
20   } //這裡不一樣
21  }
```

程式碼解說

這個程式主要是改變 LED 點亮跟熄滅的速度，所以我們把兩個 for 迴圈裡頭的 delay() 函式加入一個變數，也就是原來的 delay(100) 變成 delay(speed*20)，然後在原來的兩個 for 迴圈外頭以一個用 speed 為迴圈變數的 for 迴圈包起來。如此一來，LED 來回點亮的速度就會隨 speed 值的變化而改變。

實測

LAB 7-1 和 LAB 7-2 硬體完全相同，程式只有 4 行不同，但系統行為卻有更不一樣的表現，這就告訴我們，軟體的重要性，同樣的硬體、不同的軟體，結果大不同!

08 光線感知 --- 做一個自動照明系統

這類感知器有很多種, 包含光線、溫度、濕度、壓力、加速度、…等等, 這些感知器會因為感知的物理量或化學量的變化而改變其電阻值, 因而造成分壓點上的電壓變化, 我們因而可以用 Arduino 的類比輸入腳位來讀取這個電壓。

接下來的幾個實驗, 其實是基於 LAB 4-2 的架構, LAB 4-2 我們由可變電阻的中央腳位讀取分壓, 現在我們把可變電阻換成由感知器和一個分壓電阻, 線路如下:

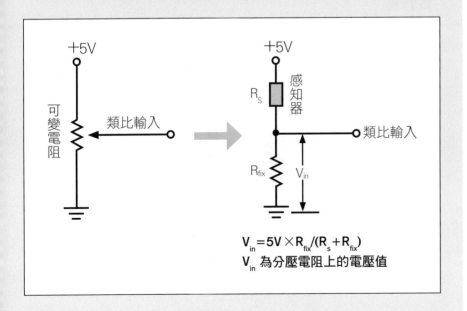

$$V_{in} = 5V \times R_{fix}/(R_s + R_{fix})$$
V_{in} 為分壓電阻上的電壓值

LAB 8　光線感知 - 用光敏電阻做一個自動照明系統

實驗目的

本實驗使用**光敏電阻**來感測光線 (照明) 的強弱。我們設計了一個自動照明系統, 當光敏電阻的感測值 (環境亮度) 高於某一個特定值時 (高亮度), LED 不會亮燈, 而當光敏電阻的感測值 (環境亮度) 低於某個特定值時 (低亮度), LED 將會亮起。

材料

* Arduino Uno 板　1 個
* 麵包板　　　　　1 個
* 光敏電阻　　　　1 個
* 220Ω 電阻　　　1 個
* 10K 電阻　　　　1 個
* LED　　　　　　1 個
* 單心線　　　　　若干

光敏電阻 (photoresistor)

光敏電阻是利用光改變導電效應的一種電阻, 其電阻值和光線強弱成反比。當光線照射到光敏電阻時, 會激發光敏電阻的自由電子, 進而產生電流。光線愈強, 自由電子愈多, 電流愈大, 光敏電阻的電阻值就愈小。光線強度愈弱, 光敏電阻的電阻值則愈大。

光敏電阻的表面塗有硒化鎘或常見的硫化鎘 (CdS) 等光敏物質外, 還有一條用來導電的彎曲細線, 這條金屬線會呈現彎曲型是為了要增加感光的面積。光敏電阻和一般電阻一樣沒有陰陽極之分。光敏電阻規格上有亮電阻和暗電阻兩個數值, 亮電阻是指光敏電阻完全曝曬在最亮的光源下所呈現的電阻值 (最低電阻值)。暗電阻是指光敏電阻完全阻隔光源下所呈現的電阻值 (最高電阻值), 購買時請依需要選擇適當電阻值的光敏電阻。因為這和電路設計時所採用的分壓電阻值有關。一般光敏電阻的暗電阻值, 依規格, 約在 0.2M~10M 歐姆左右, 亮電阻值約在 2K~100K 歐姆左右。

光敏電阻

電路圖

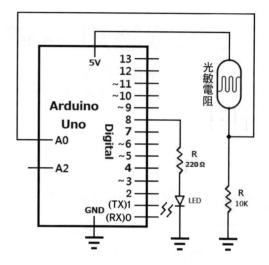

實作圖

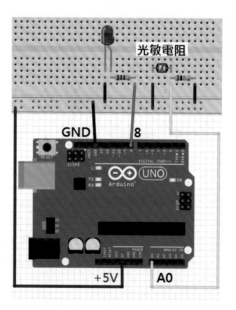

程式碼　可在 http://www.flag.com.tw/maker/download.asp 下載

```
1   const int analogPin = A0; //設定以A0來讀取感測電壓
2   int Vin = 0; //宣告Vin為整數變數，並將其值設為0
3   const int presetVal = 400; //宣告presetVal為整數常數，
                               並將其值設為400
4   const int ledPin = 8; //宣告ledPin為整數常數，並將其值設為8
5
6   void setup() {
7      pinMode(ledPin, OUTPUT); //將ledPin的數位腳位模式設為輸出(OUTPUT)
8   }
9
10  void loop() {
11     Vin = analogRead(analogPin);  //讀取感測值，並存入Vin
12     if (Vin < presetVal) { //如果Vin小於presetVal
13         digitalWrite(ledPin, HIGH); //將輸出高電位(HIGH)的訊號到ledPin
14     }
15     if (Vin > presetVal) { //如果Vin大於presetVal
16         digitalWrite(ledPin, LOW); //將輸出低電位的訊號到ledPin
17     }
18  }
```

程式碼解說

- 第 1 行　**const int analogPin =A0;** 宣告以類比輸入腳位 A0 來讀取感測值。

- 第 2 行　**int Vin = 0;** 用 Vin 這個整數變數來存放感測值 (分壓值)，並將其初始值設為0。

- 第 3 行　**const int presetVal = 400;** presetVal 這個數值是用來決定 LED 燈是否要點亮? 當光敏電阻的感測值低於 presetVal 時，會使 LED亮燈。這個數值會因實驗環境的光線強弱而有不同。在此設定 400 是筆者的實驗環境所適合的設定值，因此讀者必須依照您的實驗環境的光線強弱來設定這個數值。

- 第 4 行　**const int ledPin =8;** 用數位腳位 8 來驅動 LED。

- 第 7 行　**pinMode(ledPin, OUTPUT);** 將 ledPin 的腳位模式設為輸出 (OUTPUT)。

- 第 11 行　**Vin = analogRead(analogPin);** 讀取 analogPin 腳位上光敏電阻和 10K 電阻之間的分壓值，並將其值存入Vin。

- 第 12 行　**if (Vin < presetVal) {**

- 第 13 行　**digitalWrite(ledPin, HIGH);**

- 第 14 行　**}**

  如果 Vin 的數值小於最小值 presetVal (目前設為 400)，就會輸出高電位的訊號到 ledPin 腳位。LED 就會點亮。

- 第 15 行　**if (Vin > presetVal) {**

- 第 16 行　**digitalWrite(ledPin, LOW);**

- 第 17 行　**}**

  如果 Vin 的數值大於最小值 presetVal (目前設為 400)，就會輸出低電位的訊號到 ledPin 腳位。LED 就不會亮燈。

實測

　　成功上傳程式後，用手遮住光敏電阻來觀察其變化。當光敏電阻的感測值高於 presetVal 值時，LED 不會亮燈。若用手遮住光敏電阻，當光敏電阻的感測值低於您所設定的 presetVal 值，LED 便會亮燈。將手拿開後，光敏電阻的感測值又會高於 presetVal 值，此時 LED 則會熄滅。

　　我們實驗所用的光敏電阻其暗電阻值約在 0.2M~0.5M 之間，亮電阻約在 2K~10K 之間，如果分壓電阻設為 10K 的話，則全暗時的 10K 電阻兩端的分壓值最低為 $5V \times 10/(500+10) \approx 0.1V$ 至 $5V \times 10/(200+10) \approx 0.25V$，全亮時分壓值最高約為 $5V \times 10/(2+10) \approx 4.2V$，最低為 $5V \times 10/(10+10) \approx 2.5V$。我們可以事先做這樣的預估，如果實驗不如預期，可以先測量10K 電阻的分壓，看是否在預估範圍內? 如果是，則硬體的感測部分應該沒有問題，那就要往軟體的部分去檢查。

09

溫度感知 ---
使用熱敏電阻
監測水溫

假設你是咖啡館的老闆, 想要讓泡咖啡的水在沸騰之後, 一直保持在 85℃-95℃ 之間, 這要怎麼辦到呢? 當然我們可以用溫度計來量測開水的溫度, 例如要介於 85 度到 95 度之間, 但我們總不能一直盯著溫度計看有沒有在 85℃-95℃ 之間吧? 自動的溫度控制系統可以幫我們做這種耗時耗力的工作, 並且比用人眼去看溫度計還要準確。

LAB 9　溫度感知 --- 使用熱敏電阻監測水溫

實驗目的

　　本實驗將利用**熱敏電阻**來監測水的溫度, 當熱水降至 85℃ 以下時, 蜂鳴器會自動響起, 提醒你需要再把水加熱。

材料

- Arduino Uno 板　　　　　　　　　1 片
- 麵包板　　　　　　　　　　　　　1 片
- 熱敏電阻 (10K負溫度係數)　　　　1 個
- 220Ω電阻　　　　　　　　　　　1 個
- 10K電阻　　　　　　　　　　　　1 個
- 蜂鳴器　　　　　　　　　　　　　1 個
- 保溫杯　　　　　　　　　　　　　1 個
- 高於85度的熱開水　　　　　　　　1 杯
- 溫度計(可測得到100度)　　　　　1 支
- 單心線　　　　　　　　　　　　　若干

硬體加油站

熱敏電阻 (Thermistor)

熱敏電阻(Thermistor) 是專門測量溫度的電阻, 其英文名稱 "thermistor" 是由 "thermal" (熱)與 "resistor" (電阻) 兩字組合而來, 熱敏電阻的電阻值會隨著溫度變化而有顯著的改變。熱敏電阻有兩種：其電阻值會隨溫度上升而增加者, 稱為正溫度係數熱敏電阻；其電阻值會隨溫度上升而減少者, 則稱為負溫度係數熱敏電阻。

本實驗使用負溫度係數 (Negative Temperature Coefficient, 簡稱 **NTC**) 的熱敏電阻。

用熱敏電阻測量水溫時, 由 Analog IN 腳位所讀取的數值是電壓值而非溫度值, 所以我們必須先確定電壓值與溫度的關係, 這樣才能做出準確的溫度控制。

最簡單的校正方式是, 先使用溫度計測量水溫, 並記錄熱敏電阻在各個溫度下, Analog IN 腳位所測得的電壓值, 這樣就能找出溫度與電壓之間的對應關係：

水溫	95°	85°	75°	65°	55°	45°	35°	25°
數值	952	931	896	866	825	764	713	645

Analog IN 腳位所測得的電壓值 VS 溫度

熱敏電阻

以筆者所使用的熱敏電阻為例, 當水溫 25 度時, Analog IN 腳位讀得的數值為 645；水溫 35 度時, Analog IN 腳位所讀得的數值為 713；水溫 85 度時, Analog IN 腳位所讀得的數值則為 931。

除此之外, 由於每顆熱敏電阻在相同水溫下, 用 Analog IN 腳位所讀得的數值都有些不一樣。因此請在進行本實驗時, 必須先用溫度計測量水溫, 並記錄你的熱敏電阻在水溫 85 度時, Analog IN 腳位所測得的數值。

本實驗所使用的熱敏電阻, 其可偵測的溫度範圍約在 -20 度到 125 度之間, 若超過這個範圍, 熱敏電阻將會失去準確度。

電路圖

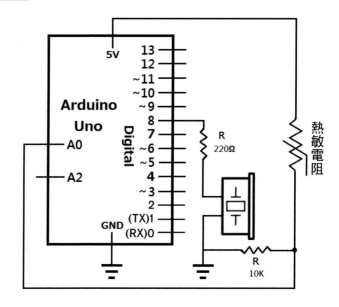

實作圖

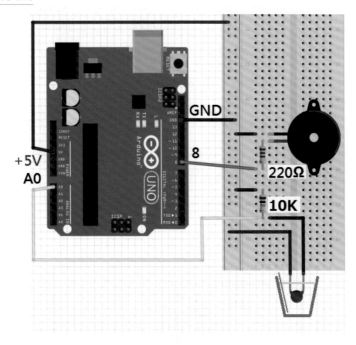

GND

+5V
A0

8

220Ω

10K

注意1：為了方便測量水溫, 可用兩條較長的電線連接來把熱敏電阻連到麵包板上, 這樣熱敏電阻才能伸到水杯裏頭。

注意2：由於一般材質的杯子, 其保溫效果比較不好, 熱水容易馬上降到 85 度以下, 因而無法進行實驗。所以本實驗所使用的杯子以保溫杯的效果為佳。

　　如前文所示, 我們的實驗分為兩個步驟：首先我們利用程式 A 來找出水溫在 85 度時, Analog IN 腳位所讀取的數值。接著將此數值帶入程式 B, 才能夠開始監測水溫。

　　步驟 A：先找出熱敏電阻在水溫 85 度時, **Analog IN** 腳位所測得的數值

程式A　可在 http://www.flag.com.tw/maker/download.asp 下載

```
1   const int thermistorPin = A0;   //thermistorPin為整數常數,
                                       腳位設為A0
2   const int BuzzerPin = 8;  //宣告BuzzerPin為整數常數,
                                       並將其值設為8
3
4   void setup() {
5     Serial.begin(9600);   //開啟序列埠, 並將Arduino端的傳輸速率(鮑率)
                                       設為9600
6     pinMode(BuzzerPin, OUTPUT); //將BuzzerPin的模式設為OUTPUT
7   }
8
9   void loop() {
10    int thermistorVal = analogRead(thermistorPin);   //將analogRead
                                       讀取值存入thermistorVal
11    Serial.println(thermistorVal); //在序列埠監控視窗顯示
                                       thermistorVal值
12    delay(5000);   //程式暫停在上一行的狀態5秒鐘
13  }
```

程式碼 A 解說

● 第 1 行　**const int thermistorPin = A0;** 宣告以 A0 Pin 來讀取熱敏電阻的分壓值。

● 第 2 行　**const int BuzzerPin = 8;** 以第 8 數位腳位來驅動蜂鳴器 (Busser)。

● 第 5 行　**Serial.begin(9600);** 開啟序列埠, 並將 Arduino 端傳輸速率 (鮑率) 設為 9600。

● 第 6 行　**pinMode(BuzzerPin, OUTPUT);** 將 BuzzerPin 的腳位模式設為輸出(OUTPUT)。

● 第 10 行　**int thermistorVal = analogRead(thermistorPin);** analogRead (thermistorPin) 開始讀取 thermistorPin 的數值, 並存入 thermistorVal。

- 第 11 行 **Serial.println(thermistorVal)；** 在序列埠監控視窗顯示 thermistorVal 的數值。

- 第 12 行 **delay(5000)；** 暫停 5 秒鐘，這行敘述會使 Analog IN 每隔 5 秒讀取一次數值，並且每隔 5 秒鐘在序列埠監控視窗上顯示 1 組數值。

實測 A

1. 成功上傳程式 A 後，用溫度計持續監測煮沸後的熱水水溫，並將熱敏電阻放入這杯熱水中，它便開始感應熱水的溫度。

2. 開啟序列埠監控視窗，在視窗中可看到每 5 秒顯示 1 組由類比輸入腳位所測得的數值。

3. 等待熱水降溫到接近 85 度。

4. 當溫度計顯示水溫為 85 度時，記錄下此刻序列埠監控視窗所顯示的數值。此數值就是水溫 85 度時類比腳位所讀取到的數值。例如筆者所使用的熱敏電阻在 85 度時測得的數值為 931。

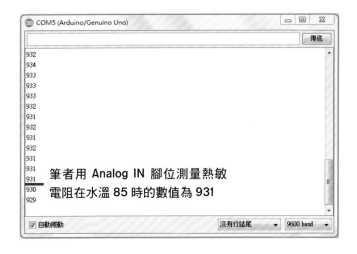

步驟B：加入控制蜂鳴器的程式碼，上傳後便可開始監測水溫

將找出的數值加入程式 A，即成為下方的程式 B，上傳後便可開始監測水溫。

程式碼B (方框中的程式碼為新增部分)

可在 http://www.flag.com.tw/maker/download.asp 下載

```
 1  const int thermistorPin = A0;
 2  const int BuzzerPin = 8;
 3  const int alarmVal= 931;   //這行是新加入的
 4
 5  void setup() {
 6    Serial.begin(9600);
 7    pinMode(BuzzerPin, OUTPUT);
 8  }
 9
10  void loop()
11    int thermistorVal = analogRead(thermistorPin);
12    Serial.println(thermistorVal);
13    if (thermistorVal < alarmVal)     //這行是新加入的
14      digitalWrite(BuzzerPin, HIGH); //這行是新加入的
15    else digitalWrite(BuzzerPin, LOW);   //這行是新加入的
16    delay(5000);
17  }
```

程式碼 B 解說

程式 B 就是在程式 A 加入第 3 行和 14-16 行。

- 第 3 行 **const int alarmVal= 931；** 宣告一個警報常數 alarmVal，並設為剛剛測到 85℃ 的對應分壓值 931。

- 第 14 行 **if (thermistorVal < alarmVal) {**

- 第 15 行 **digitalWrite(BuzzerPin, HIGH);**

- 第 16 行 **else(BuzzerPin, LOW);**

這三行程式碼會在水溫低於 85 度時，讓蜂鳴器會發出聲響。當 Analog IN 腳位所測得的數值 thermistorVal 小於 alarmVal，此時表示水溫低於 85 度，Arduino 將會輸出高電位 (HIGH) 的訊號到 BuzzerPin，使蜂鳴器發出警報聲。否則，Arduino 將輸出低電位 (LOW) 的訊號到 BuzzerPin，蜂鳴器則不會發出警報聲。

實測 B

成功上傳程式 B 後，開啟序列埠監控視窗，便可開始偵測水溫，視窗每 5 秒鐘會顯示 1 組 Analog IN 所測得的數值。當監控視窗內的數值高於alarmVal值時，蜂鳴器不會響起。當監控視窗內的數值低於 alarmVal 值，蜂鳴器將會響起，提醒你水溫已經低於 85 度了。

進一步提升系統功能

我們的系統只設計了最基本的一半功能，請自行修改程式，讓程式可以在溫度大於 95℃ 時也由蜂鳴器發出提醒的聲響。

在真正實用的系統中，我們還必須把蜂鳴器改為加熱器，也就是當溫度高於 85℃ 時讓加熱器開始加熱，而溫度高於 95℃ 時停止加熱。

Memo

10

潮濕感知 ---
做一個花草澆水
警示系統

本實驗要做的不是一般的濕度感知, 而是潮濕的感知。濕度感知和潮濕感知有甚麼不同呢? 基本上濕度指的是空氣中潮濕 (水氣) 的狀態, 而潮濕則是指紙張、衣物、土壤是否有水份的滲透或沾附。所以像嬰兒尿布、牆壁漏水、花草培養這類非空氣濕度的檢測就要用到本章介紹的潮濕檢測。

LAB 10 潮濕感測器 --- 花草澆水警示系統

實驗目的

潮濕感測器可用來感測植栽土壤的濕度, 或是嬰兒尿布的狀態。本實驗將利用自製的潮濕感測器來測量濕度。以花草澆水而言, 土壤的水份不能太乾也不能太濕必須維持在適當的範圍內, 因而量測潮濕數值時, 若測得的數值在設定範圍之外, 蜂鳴器便會響起, 發出警報。若測得的數值介於設定範圍之內, 蜂鳴器則不會發出聲響。

材料

- Arduino Uno 板　　1 個
- 麵包板　　　　　　1 個
- 10K電阻　　　　　1 個
- 220Ω電阻　　　　 1 個
- 蜂鳴器　　　　　　1 個
- 紙巾　　　　　　　1 張
- 單心線　　　　　　若干
- 水　　　　　　　　適量

電路圖

● 自製潮濕感測器

這個實驗我們必須自製一個潮濕感測器, 這個感測器說起來就是兩條電線, 有了導線之後, 我們還要有一個感測的對象, 基本上感測的對象應該是花盆內的泥土, 但為了避免弄髒室內環境, 我們先用紙巾來替代。當你將電路安裝好之後, 請找 1 張紙巾對折 3-5 次, 將連接 +5V 及 A0 的單心線接頭分別放到紙巾的不同夾層中, 注意兩條線的金屬接頭必須靠近一點, 這樣實驗時, 數值的變化會比較顯著。

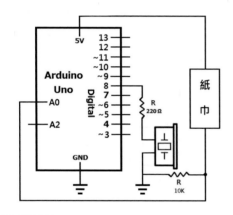

👤 C語言加油站

OR 運算與 AND 運算

C 語言以 || 和 && 來做為 OR (或) 和 AND (和) 的邏輯運算符號, 本實驗會用到的是 || 運算 (|| 是 按 Shift + ＼ 鍵兩次)。例如:

if(a>100 || b<60)
digitalWrite(led,HIGH);

表示如果 "a 大於 100" 或 "b 小於 60" 這兩個條件至少有一個成立, 則執行 digitalWrite() 這個動作, 否則不執行 digitalWrite()。

實作圖

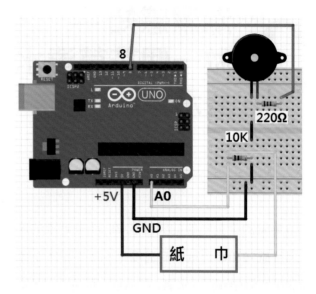

程式碼　可在 http://www.flag.com.tw/maker/download.asp 下載

```
1    const int buzzerPin = 8; //宣告buzzerPin為整數常數, 並將其值設為8
2    const int analogIn = A0;//宣告analogIn為整數常數, 並將其值設為A0
3    const int highAlertVal = 400;  //宣告highAlertVal為整數常數,
                                          並將其值設為400
4    const int lowAlertVal = 200; //宣告lowAlertVal為整數常數,
                                          並將其值設為200
5    int wetVal = 0; //宣告wetVal為整數變數, 並將其初始值設為0
6
7    void setup() {
8      Serial.begin(9600); //開啟序列埠, 並將其值設為9600
9      pinMode(buzzerPin, OUTPUT); //將buzzerPin的腳位模式設為輸出
                                          (OUTPUT)
10   }
11
12   void loop() {
```

接下頁

```
13    wetVal = analogRead(analogIn);
14 //由類比輸入腳位讀取潮濕感測器的數值，並將回傳的數值設為wetVal
15    Serial.println(wetVal); //在序列埠視窗顯示wetVal的數值，
                                並自動換行
16    if( wetVal > highAlertVal || wetVal < lowAlertVal){
17 //如果wetVal大於highAlertVal或wetVal小於lowAlertVal
18      digitalWrite(buzzerPin, HIGH); //輸出高電位(HIGH)的訊號到
                                        buzzerPin腳位
19    }
20    else{ //否則
21      digitalWrite(buzzerPin, LOW); //輸出低電位(LOW)的訊號到
                                        buzzerPin腳位
22    }
23    delay(1000); //使程式停留在上一行的狀態1秒鐘
24  }
```

程式碼解說

- 第 1 行　**const int buzzerPin = 8;** 用數位腳位 8 來驅動蜂鳴器。

- 第 2 行　**const int analogIn = A0;** 用類比腳位 A0 來讀取感應的分壓值。

- 第 3 行　**const int highAlertVal = 400;** 設定感應值高標為 400。

- 第 4 行　**const int lowAlertVal = 200;** 設定感應值低標為 200。

- 第 5 行　**int wetVal = 0;** 宣告 wetVal 為整數變數，並將其初始值設為 0。

- 第 8 行　**Serial.begin(9600);** 開啟序列埠來觀察讀取的值，速率設為 9600 baud。

- 第 9 行　**pinMode(buzzerPin, OUTPUT);** 將蜂鳴器驅動腳位模式設為 OUTPUT。

- 第 13 行　**wetVal = analogRead(analogIn);** 由類比輸入讀取潮濕感測器的數值，並將回傳的值存入 wetVal。

- 第 15 行　**Serial.println(wetVal);** 在序列埠監控視窗上，顯示感測器的數值wetVal，數值顯示後會自動換行。

- 第 16 行　**if(wetVal > highAlertVal || wetVal < lowAlertVal){**

  highAlertVal 是位於高點的警戒值，lowAlertVal 則是低點的警戒值。如果wetVal 大於 highAlertVal，或者(II) wetVal 小於 lowAlertVal，就會執行{ } 內的敘述。

- 第 18 行　**digitalWrite(buzzerPin, HIGH);** 蜂鳴器響起。

- 第 20 行　**else{**

- 第 21 行　**digitalWrite(buzzerPin, LOW);** 否則蜂鳴器不響。

- 第 23 行　**delay(1000);** 暫停 1 秒鐘。

實測

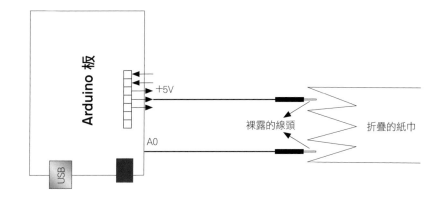

　　成功上傳程式後，打開序列埠監控視窗，由於這時乾燥的紙巾阻隔在 +5V 和 A0 Pin 所連接的單心線的裸線之間，電阻值大，因此無法通電，所顯示的分壓數值為 0。由於程式碼設定數值在 200 以下時，蜂鳴器將會響起，所以這時蜂鳴器發出聲響。序列埠監控視窗上，偶爾會出現幾個個位數的數值，這是因為周遭環境干擾的關係，如果這時用手觸碰紙巾，造成紙巾的電阻值下降，監控視窗的數值則會升高。

▲ 開啟序列埠監控視窗, 所顯示的數值為 0。

接著, 開始在紙巾上滴水, 紙巾沾濕以後, 由於水會降低紙巾的電阻值, 使兩條電線之間開始導電, 監控視窗上的數值會逐漸上升, 當數值超過 200 後, 蜂鳴器將不會發出聲音。

當紙巾濕透時, 監控視窗上的數值將會達到最高, 當超過程式碼所設定的數值 400 時, 蜂鳴器又會再響起。

▲ 當監控視窗的數值超過 400, 蜂鳴器會再度發出聲響。

停止加水後, 當紙巾慢慢乾燥之後, 監控視窗的數值會逐漸降到 400 以下, 這時蜂鳴器就不會發出聲響。

▲ 當視窗的數值降到 400 以下, 蜂鳴器就不會響了。

當一切都測試無誤之後, 你就可以把紙巾換成陽台上的花盆來偵測花盆的含水量, 把 +5V 和類比輸入這兩條電線插入花盆的土壤中, 這樣就可以成為一個盆栽自動澆水系統的雛形了。當然, 因為每個人的環境不同, 你可以調整程式中的 highAlertVal 和 lowAlertVal 的值讓系統和實際環境做更好的配合。

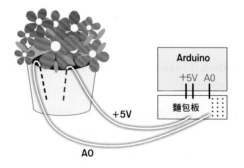

11

使用七段顯示器 --- 做一個按鈕計數器

七段顯示器是由 7 段 LED 組合成一個 8 字型的顯示器, 一般常做為計時器、計數器使用。初學 7 段顯示器的困難在於顯示器的每一段筆劃和腳位的關係並不直接, 所以硬體接線常常弄錯。另外, 要把 7 段 LED 組成 0-9 的數字, 則是軟體上必須處理的問題, 這都是本章的重點。

LAB 11 七段顯示器做一個按鈕計數器

實驗目的

學習使用七段顯示器, 並做一個按鈕計數器, 每按一次按鈕, 七段顯示器的數字就加 1, 顯示到 9 之後再加 1 又回到 0, 重新算起。

材料

* Arduino Uno 板　　　　1 個
* 麵包板　　　　　　　　1 個
* 七段顯示器 (共陰極)　　1 個
* 220Ω電阻　　　　　　　7 個
* 10K電阻　　　　　　　　1 個
* 單心線　　　　　　　　若干
* 按壓開關　　　　　　　1 個

> **😊 硬體加油站**
>
> **七段顯示器 (Seven Segment Display)**
>
> **七段顯示器 (Seven Segment Display)** 由 8 個 LED 所組成, 其中包括 7 劃 (7 個長條) LED 和一個點狀 LED (小數點)。
>
> 七段顯示器因為其內部構造的不同, 分成**共陰極 (common cathode, 簡稱 CC)** 及**共陽極 (common anode, 簡稱 CA)** 兩種 (本書使用共陰極)。共陰極的各段LED 的陰極相連, 共陽極則是各段 LED 的陽極相連。由於兩種七段顯示器的外觀完全相同, 但是兩者的接法及程式碼都不同, 所以在購買時必須確定是共陽極還是共陰極。如果你不知道手上的七段顯示器是共陰或共陽極, 可以用三用電表來加以判定。
>
> 接下頁

七段顯示器外觀上有 10 支接腳, 分為上下兩排各 5 支, 各接腳與各段
LED 的內部關係如下圖所示:

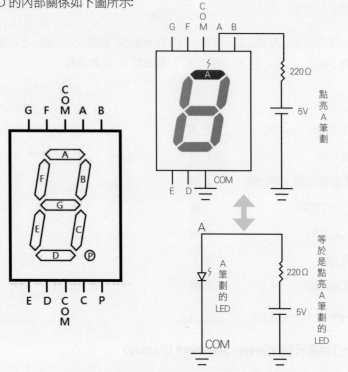

▲ 七段顯示器的接腳與各段 LED 的內部連接關係圖

其中上下排最中間的 COM 接腳是各段 LED 的陰極或陽極共同腳位,
如果是共陰極, COM 腳 (任一支即可) 必須連接 GND, 其餘接腳則連接
驅動電路。如果是共陽極, COM 腳 (任一支即可) 必須連接 +5V, 其餘
接腳則連接驅動電路。

由於共陽和共陰極的七段顯示器的程式碼, 在高低電位的部分是完全
相反的, 因此必須再三確認你所使用的七段顯示器為哪種 (本書使用
共陰極)。

電路圖

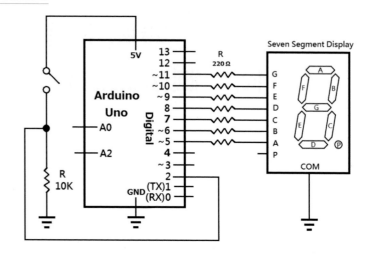

實作圖

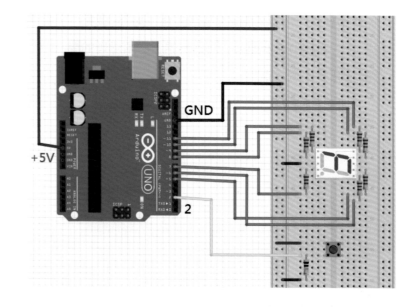

程式設計的重點

在硬體線路上, 我們已經把數位輸出腳位經由 220Ω 電阻接到 7 段顯示器的 7 個 LED 上了, 接下來的問題是, 要如何來顯示這些 LED 呢？也就是說, 我們必須把這 7 段 LED 用有意義的字型顯示出來, 而不是東一劃、西一劃的點亮就好。例如: 我們要做一個計數器, 那就必須顯示 0-9 的數字。所以, 首先我們必須建立 0-9 這 10 個字形和 7 段 LED 的關係, 以下便是使用**共陰極**的七段顯示器時, 0-9 各數字與各段 LED 筆劃 (A~P) 的關係。(1 表示 LED 點亮, 對共陰極而言是高電位, 0 表示熄滅, 是低電位)

LED 段 / 顯示數字	A	B	C	D	E	F	G	P
0	1	1	1	1	1	1	0	0
1	0	1	1	0	0	0	0	0
2	1	1	0	1	1	0	1	0
3	1	1	1	1	0	0	1	0
4	0	1	1	0	0	1	1	0
5	1	0	1	1	0	1	1	0
6	1	0	1	1	1	1	1	0
7	1	1	1	0	0	0	0	0
8	1	1	1	1	1	1	1	0
9	1	1	1	1	0	1	1	0

表 1 七劃字型表 (共陰極)

例如: 要顯示 0 這個數字, A-F 的 LED 必須點亮, G 和 P 的 LED 必須熄滅。而亮點 5 這個數字, A、C、D、F、G 必須點亮, 其他熄滅。

▶ 11111100

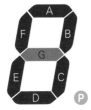

把 G 和 P 熄滅, 把 A、B、C、D、E、F 點亮就是數字 0 的字形

10110110 ◀

點亮 A、C、D、F、G 就是數字 5 的字形

如果使用**共陽極**的七段顯示器, 各數字與各段 LED 的關係如下表。(1 表示高電位, 0 表示低電位)

LED 段 / 顯示數字	A	B	C	D	E	F	G	P
0	0	0	0	0	0	0	1	1
1	1	0	0	1	1	1	1	1
2	0	0	1	0	0	1	0	1
3	0	0	0	0	1	1	0	1
4	1	0	0	1	1	0	0	1
5	0	1	0	0	1	0	0	1
6	0	1	0	0	0	0	0	1
7	0	0	0	1	1	1	1	1
8	0	0	0	0	0	0	0	1
9	0	0	0	0	1	0	0	1

表 2 七劃字型表 (共陽極)

🧑 C 語言加油站

陣列 (Array)

陣列 (Array) 是由相同資料型態的變數排列組成的, 組成陣列的變數稱為陣列元素。例如:

```
int led (5) = {6,5,3,24,101};
```

就是宣告一個由 5 個元素組成的陣列, 每個元素的形態都是 int。它的元素是 led(0)、led(1)、led(2)、led(3)、led(4)。請注意! 陣列元素編號是由 0 開始, 因此當我們宣告一個 n 個元素的陣列, 例如 led(n) 時, 其元素就是由 led(0)…led(n-1), 並不存在 led(n) 這個元素。

6	5	3	24	101
Led(0)	led(1)	led(2)	led(3)	led(4)

二維陣列 (two dimensional array)

二維陣列就是由一維陣列組成的陣列, 例如:

int   Arrays[10][7] = {

{1,1,1,1,1,1,0},

{0,1,1,0,0,0,0},

{1,1,0,1,1,0,1},

{1,1,1,1,0,0,1},

{0,1,1,0,0,1,1},

{1,0,1,1,0,1,1},

{1,0,1,1,1,1,1},

{1,1,1,0,0,0,0},

{1,1,1,1,1,1,1},

{1,1,1,1,0,1,1},

};

就是宣告 Arrays 為一個二維陣列, 共有10X7=70 個元素。

我們可以把二維陣列想像成長方形教室的座位, 每一個座位都是一個陣列元素, 當我們描述一個座位時, 會說在第幾列、第幾行的同學。而二維陣列的陣列元素, 一樣也是以**列 (row)** 與**行 (column)** 來表示。注意! 陣列中每行、每列的第一個元素編號都是由 0 開始, 也就是當我們宣告一個二維陣列: Arrays[m][n] 時, 它的第一個陣列元素為 Arrays[0][0] 而最後一個陣列元素為 A[m-1][n-1]。

```
1   int segmentPattern[10][7] =      //宣告變數segmentPattern為二維陣列
2                       {    {1,1,1,1,1,1,0},//使七段顯示器顯示數字0
3                            {0,1,1,0,0,0,0},//顯示數字1
4                            {1,1,0,1,1,0,1},//顯示數字2
5                            {1,1,1,1,0,0,1},//顯示數字3
6                            {0,1,1,0,0,1,1},//顯示數字4
7                            {1,0,1,1,0,1,1},//顯示數字5
8                            {1,0,1,1,1,1,1},//顯示數字6
9                            {1,1,1,0,0,0,0},//顯示數字7
10                           {1,1,1,1,1,1,1},//顯示數字8
11                           {1,1,1,1,0,1,1},//顯示數字9
12                      };
13  const int button = 2;  //把button(按壓開關)腳位設為2
14  int count=0;
15  void setup()  {
16    for(int pin = 5; pin <= 11; pin = pin +1)    {
17      pinMode(pin, OUTPUT);        //將5-11數位腳位模式設為OUTPUT
18    }
19    pinMode(button, INPUT);      //將button的腳位模式設為INPUT
20  }
21  void sevenSegmentWrite(int digit) {   //digit顯示為LED字型的函式
22    for(int ledSeg = 0; ledSeg < 7; ledSeg = ledSeg +1) {
23      digitalWrite(ledSeg+5, segmentPattern[digit][ledSeg]);
24    }
25  }
26  void loop() {
27    int buttonStatus = 0;   //buttonStatus為按鈕狀態變數, 並將其值設為0
28    buttonStatus = digitalRead(button);
29    delay(100);//程式維持在上一行的狀態0.1秒
30    sevenSegmentWrite(count);   //將count值顯示到七段顯示器
31    if(buttonStatus == HIGH)   { //若buttonStatus為HIGH,
32      count = count +1;        //count值加1
33    if(count > 9) //如果count的值大於9
34      count = 0; //count值將會回到0
35    delay(100); //程式維持在上一行的狀態0.1秒鐘
36  }
```

程式碼解說

- 第 1~12 行　宣告 0-9 的數字字型二維陣列 segmentPattern[10][7]。

- 第 13 行　　宣告用數位腳位 2 來讀取按壓開關。

- 第 14 行　　count 為計數器變數, 初值為 0。

- 第 16~17 行　將 5-11 數位腳位設為輸出模式, 以便用來點亮 LED 筆劃。

- 第 19 行　　將第 2 數位腳位設為輸入模式, 以便用來讀取按壓開關狀態。

- 第 21 行　　sevenSegmentWrite(digit) 函式, 它會依照 digit 的數值 (0-9) 去取得 1-12 行所宣告的二維陣列 segmentPattern[ ][ ] 的第一維陣列元素, 這個陣列元素本身為一個一維陣列共有 7 個元素, 分別對應到 7 劃顯示器的一個筆劃, 0 表示不點亮, 1 表示該筆劃要點亮。

- 第 22 行　　用迴圈把 7 個筆劃依照 segmentPattern[digit][ledSeg] 的內容來點亮, 0 表示不點亮, 1 表示該筆劃要點亮。其中, digit 代表要顯示的數字, ledSeg 代表該數字要點亮的筆劃。

- 第 23 行　　digitalWrite(ledSeg+5, segmentPattern[digit][ledSeg]) 把字型 **digit** 的筆劃 **ledSeg** 點亮或熄滅。因為驅動 Pin 的編號是 5~11, 而 for 迴圈變數 ledSeg 代表的是筆劃元素編號 (0~6), 二者的對應關係就是 Pin 編號 = ledSeg+5。

- 第 27 行　　宣告按壓開關的狀態變數 buttonStatus。

- 第 28 行　　用 digitalRead(button) 讀取 button 腳位上的開關狀態。

- 第 29 行　　延遲 0.1 秒, 以防按壓開關彈跳。

- 第 30 行　　把計數器上的數值顯示到 7 段顯示器上 (初值為 0)。

- 第 31~32 行　如果按下按壓開關 (HIGH), 則計數器加一。

- 第 33~34 行　如果計數器大於 9, 則計數器歸零。

- 第 35 行　　延遲 0.1 秒。

實測

　　上傳程式碼後, 七段顯示器會顯示 0, 然後你每按一次按壓開關, 數字就加一, 加到 9 之後又回到 0, 然後繼續計數。

進階資訊

　　一位數的計數器並不實用, 當然我們可以做多位數的計數器, 這時就要用兩個以上的 7 段顯示器, 如果需要使用小數點, 那也可以用 P 那個 LED。但是你馬上會發現 Arduino 的腳位不夠用, 這時我們就必須借助額外的硬體 IC 來解決了。所以, 一個智慧型的系統必須軟體、硬體相互的搭配, 才能做好設計, 而多元能力更是做好設計的原動力!

Arduino 超入門

創客 · 自造者的原力

The Force of Maker

使用 Flag's Block
積木式圖形介面

本套產品同時提供兩種程式開發方式，
本書前半部為 C++ 程式語言方式，
後半部為使用積木式圖形開發環境

Contents

本套產品同時提供兩種程式開發方式，
本書前半部為 C++ 程式語言方式，
後半部為使用積木式圖形開發環境

序

近幾年來，因為創客文化的興起，使Arduino也風靡全球，由於其簡單易用且開源的特性，讓任何人都能發揮創意，打造無限可能。但即便如此，要成功駕馭Arduino還是需要克服不少難關。首先要會C語言才能進行環境開發，再來是必須具備電子電路的基礎觀念，而軟硬體的整合更是不可少的技能，還有不少感測器以及相關模組也要有所了解，這讓許多初學者望之卻步，遲遲不敢踏入這個領域。

另外零件的採購與選擇也是一大難題，若是對於電子零件不熟悉，很可能面臨買錯的窘境，此時對於學習更是雪上加霜，而難以入門的程式語言更是不少人的最大障礙，可能在實作前已耗費大量的時間在查找資料，將原本的熱情燃燒殆盡。

本書就是針對軟體、硬體知識完全是一張白紙的學習者，讓讀者可以省下不必要的時間，以最平順的道路通往創客的大道，不僅幫你準備好所有實驗必備的零件，也使用比程式語言更容易操作的積木式開發環境，就是要你輕鬆的入門，用滑鼠就能設計程式。

只要跟著本書的實驗流程，逐一學習，相信你也會對Arduino越來越熟悉，但並非依樣畫葫蘆地操作就是學會了，你必須深入的思考整個設計過程，包含軟硬體的搭配，以及各個元件的使用方式，方能將這些技術加以吸收，成為創造的工具，現在就讓我們一起踏入這個迷人的領域吧！

01 Arduino 快速入門

自造者/創客/Maker 這幾年快速發展, 在自造的過程中, 從想法 (創意)、設計、程式、電路、控制、手作、機構、成型… 也因為一些工具的出現而變得快速並降低門檻。其中 3D 列印、雷射切割, 讓少量製造成為可能, 成本大幅降低, 因而對機構、成型的助益甚大。而 Arduino 的出現, 則使程式、電路、控制等更容易實現。

本套產品同時提供兩種程式開發方式,
本書前半部為 C++ 程式語言方式,
後半部為使用積木式圖形開發環境

什麼是 Arduino?

Arduino 是一種可程式化的微控制板(microcontroller board), 透過控制板上的輸出入埠, 能夠連接 LED、LCD 顯示器、喇叭、馬達、開關、各種感測器等電子裝置, 或是加裝 GPS、WiFi、藍牙等各種通訊模組的擴充板, 配合您設計的程式碼, 就能做出各種想要的創作品, 例如: 智慧家居、玩具設計、機器手臂、手機遙控…。

Arduino 這個名字來自於出身伊夫雷雅地區的義大利國王的名字。是由義大利的 Massimo Banzi 和其開發團隊於 2005 年所研發完成。Arduino 目前已針對不同用途開發出至少 20 種大同小異的 Arduino 控制板, 其中 Arduino Uno 是最多人使用的板子。Uno 在義大利文是「1」的意思, 開發者的原意就是將 Uno 板當作是適合初學者使用的入門版本。

1-1 安裝 Flag's Block 開發環境

要使 Arduino 板正常運作, 必須安裝開發工具, 本套件的所有實驗是使用 Flag's Block 積木式開發環境, 方便讀者學習, 以下為下載及安裝程序:

下載 Flag's Block 開發程式

1. 打開瀏覽器, 在網址列輸入"http://www.flag.com.tw/download.asp?F6789Z" 後按 Enter, 下載 Flag's Block 安裝軟體。

Mac 使用者可至 https://www.flag.com.tw/maker 旗標創客專區『軟體下載』處下載 macOS 版本軟體, 並參考線上安裝手冊安裝軟體。

2. 下載完後雙按程式會跳出安裝視窗, 選擇要安裝的資料夾位置, 按下 Extract 完成安裝。

如果出現風險警告視窗，請按**其他資訊**，然後再按**仍要執行**鈕進行安裝

1 將資料夾修改為 "C:\"

2 按此鈕開始解壓縮安裝

安裝驅動程式

安裝成功後，到剛剛安裝的 FlagsBlock 資料夾內雙按 **F** Start.exe 開啟 Flag's Block 開發程式。

雙按 **Start.exe** 檔案

若出現 **Windows 安全性警訊**（防火牆）的詢問交談窗，請選取**允許存取**

第一次執行 Flag's Block 開發程式，會請你設定序列埠，由於我們要先安裝驅動程式，因此先按**取消**。

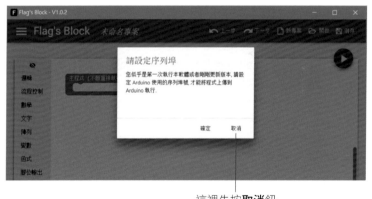

這裡先按**取消**鈕

本產品隨機出貨兩種樣式的 Arduino 板, 板面上以 "Flag's ①" 及 "Flag's ONE" 區別, 請根據板子上的字樣安裝驅動程式, 請點擊左上方的 ≡ 展開功能表, "Flag's ①" 字樣的板子請執行『**安裝驅動程式/Flag's** 1』命令, "Flag's ONE" 字樣的板子請執行『安裝驅動程式/Flag's ONE』命令, 以下均以 "Flag's ①" 字樣的板子為例:

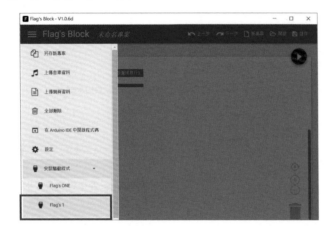

下載後執行安裝程式, 依以下程序安裝:

1 請選**是**允許安裝

2 按此鈕進行安裝

安裝成功了!

請務必確認有依照板子上的 "Flag's ①" 及 "Flag's ONE" 字樣安裝對應的驅動程式, 兩者皆安裝也可以。

透過 USB 線, 將 Uno 板連接上電腦

Arduino Uno 的 USB 線兩端插頭不一樣。接頭扁平的那端連接電腦的 USB 插槽, 另一端看起來較方正的接頭則是插入 Arduino 板的 USB 插槽。

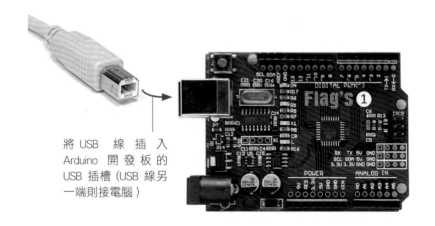

將 USB 線插入 Arduino 開發板的 USB 插槽 (USB 線另一端則接電腦)

在開發環境中, 選取相對應的序列埠

　　首先要查看 Arduino 被分配到哪個序列埠。將電腦連接上 Arduino 板之後, 開啟檔案總管, 對本機按右鍵, 選擇『**內容/裝置管理員/連接埠 (COM 與 LPT)**』, 可以看到 Arduino 板的序列埠號碼。

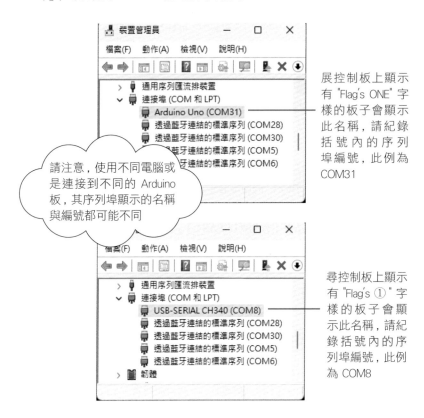

展控制板上顯示有 "Flag's ONE" 字樣的板子會顯示此名稱, 請紀錄括號內的序列埠編號, 此例為 COM31

請注意, 使用不同電腦或是連接到不同的 Arduino 板, 其序列埠顯示的名稱與編號都可能不同

尋控制板上顯示有 "Flag's ①" 字樣的板子會顯示此名稱, 請紀錄括號內的序列埠編號, 此例為 COM8

　　選擇好正確的序列埠後, 就完成 Flag's Block 的環境安裝, 可以開始寫程式了。

　　確認 Arduino 板的序列埠號碼後, 回到 Flag's Block 的畫面, 點擊視窗左上角的 ☰, 選取**設定**, 從序列埠的下拉式選單中, 選擇裝置管理員所顯示的 Arduino 連接埠號碼, **按確定**完成設定。

1-2 Flag's Block 開發環境介紹

基本上到目前為止已經可以開始開發程式了, 但在此之前, 我們先講解一下 Flag's Block 的開發環境。

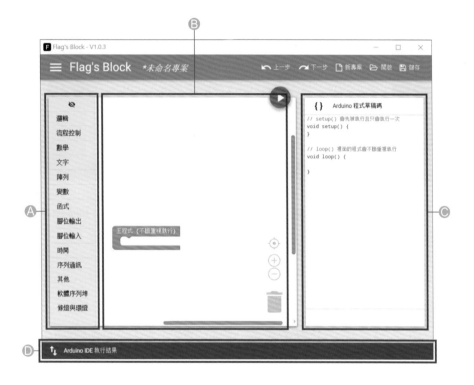

- Ⓐ 積木程式選擇區
  - ◆ Flag's Block 是使用圖形化的積木指令來進行程式編寫, 所有的積木指令都可以在視窗的左邊找到。

- Ⓑ 程式工作區
  - ◆ 將**積木程式選擇區**內的積木指令拖曳到此區, 組合出你所要的功能。

- Ⓒ Arduino 程式草稿碼
  - ◆ 點擊視窗右下角的**<**, 右方會顯示 **Arduino 程式草稿碼**, 此區為左方積木程式的原始碼, 可以讓使用者做對照, 點擊**>**能隱藏此區。

- Ⓓ Arduino IDE 執行結果
  - ◆ 點擊下方的 , 開啟/收合 **Arduino IDE 執行結果**, 透過此區的說明可以知道 Arduino IDE 的編譯狀況, 包括編譯成功、失敗訊息, 上傳成功、失敗訊息等

開啟範例程式

為了確認 Flag's Block 的環境設定正確, 而且 Arduino 板也可以正常運作, 因此我們先執行 Flag's Block 中的範例程式來測試, 點擊☰, 展開功能表, 選擇『**範例/創客・自造者工作坊#1/ LAB1-1**』, 接著你會看到**程式工作區**自動多出一些積木, 這樣就代表你成功開啟範例程式了。

> 本書中所有的實驗程式都可以在範例程式中找到。

上傳程式到 Arduino Uno

開啟範例程式後, 我們就要將程式上傳到 Arduino, 使其運作, 按下 ▶, 此時 Flag's Block 會將積木程式轉譯為 C 語言並透過 Arduino IDE 上傳至 Arduino Uno。如果都設定正確, 觀察 Arduino 板, 你會發現有一顆 LED 燈正在閃爍不停。

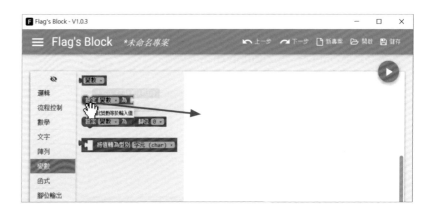

1-3 Flag's Block 積木程式的設計方法

　　了解開發環境並確認 Arduino 可以正常執行程式後, 接著我們要準備開始
自己寫程式了, 首先要學習如何使用積木以及基本的操作方法。

積木類別

　　積木程式主要分為 14 大類, 每個類別中都有相關的積木指令, 點選其中一
個類別就會展開該類別中的所有積木, 找到要使用的積木後, 使用滑鼠左鍵按住
不放, 就可以拖曳積木到右方的**程式工作區**。例如我們要使用**設定變數為**這個積
木, 點擊**變數**展開選單, 按住**設定變數為**積木, 便可拖曳到**程式工作區**的任何位
置。

組合/拆解積木

　　觀察積木程式的形狀, 你會發現有上下缺口和左右缺口, 如同拼圖一般, 當
缺口的兩端對應正確時, 便能進行組合, Flag's Block 也會在缺口處顯示黃色實
線, 表示積木會接合上去, 以下是一些組合的原則。

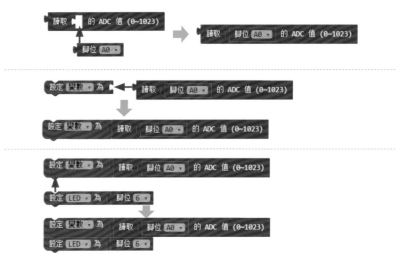

　　而反向操作就能拆解積木。

移動積木

要移動單列積木時, 用左鍵拖曳最左邊的積木。

移動多列積木時, 拖曳最上、最左的積木。

複製/停用/刪除積木

若是有不想用的積木, 拖曳到右下角的垃圾桶, 即可刪除, 也可以對積木按右鍵選「**複製、停用積木、刪除積木…**」等功能, 另外也能使用快捷鍵, 如 `Ctrl` + `C` 是複製, `Ctrl` + `V` 是貼上等。

▲ 對積木按右鍵叫出功能表

程式工作區的面板控制

當我們在 Flag's Block 設計程式時, 可能會發生面板空間不足的現象, 這時候就要對面板進行調整, 以滑鼠左鍵對**程式工作區**的空白處按住不放, 便能進行整個面板的拖曳, 調整到適當的位置, 讓你可以繼續接下來的工作, 視窗右下角也有幾個控制鈕 (如右所示), 由上至下分別是, 定位到中央、面板放大及縮小。

LAB 1-1 閃爍一顆 LED

實驗目的

我們剛剛已經在範例中開啟了第一個實驗程式, 而現在要以手動設計的方式重頭操作一遍, 才能了解程式設計的完整步驟。

材料

- Arduino Uno 板 1 片
- 其它零件: 無

程式設計

先點擊視窗上方的**新專案**, 若程式問你是否要刪除積木, 請點擊**確定**鈕新建專案。

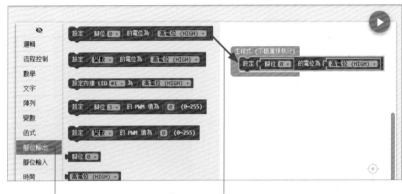

1 展開**腳位輸出**選單

2 將此積木拖曳到**主程式 (不斷重複執行)** 內

3 點此箭頭，從下拉式選單中選擇 **13**

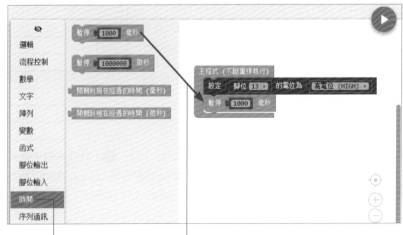

4 展開**時間**選單

5 將此積木拖曳到**設定腳位 13 的電位為高電位 (HIGH)** 積木下方

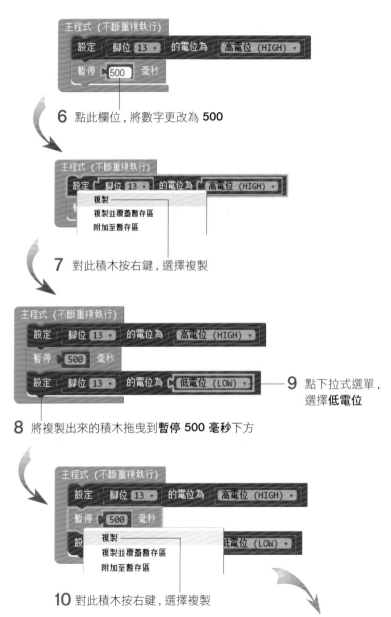

6 點此欄位，將數字更改為 **500**

7 對此積木按右鍵，選擇**複製**

8 將複製出來的積木拖曳到**暫停 500 毫秒**下方

9 點下拉式選單，選擇**低電位**

10 對此積木按右鍵，選擇**複製**

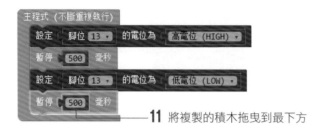

—**11** 將複製的積木拖曳到最下方

設計到此, 就已經大功告成了, 完整的架構如下:

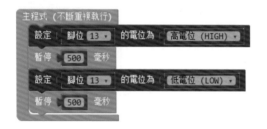

程式解說

所有在**主程式(不斷重複執行)**內的積木指令都會一直重複執行, 直到電源關掉為止, 因此程式會先將高電位送到腳位13, 這時 LED 就會因為接收到高電位而亮起來, 暫停500毫秒後, 又因為收到低電位而熄滅, 再暫停500毫秒, 然後不斷重複, 而你看到的效果就會是閃爍的LED。

這個程式使用了 Arduino 的數位輸出來點亮 Arduino 板子上內建 (built in) 的 LED, 這顆 LED 位於 UNO 板第 13 號數位腳位旁邊, 如果一時找不到也沒關係, 等到程式執行時, 它就會亮起來了。

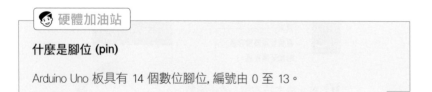

硬體加油站

什麼是腳位 (pin)

Arduino Uno 板具有 14 個數位腳位, 編號由 0 至 13。

接下頁

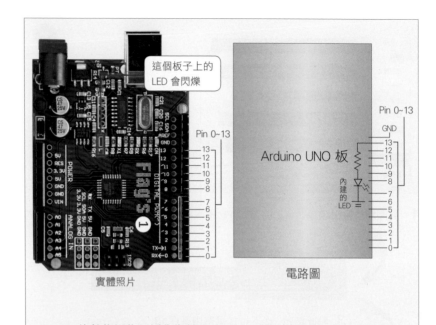

實體照片　　　　　電路圖

Arduino 的數位腳位可以作為輸入 (INPUT) 或輸出 (OUTPUT) 兩種模式之一來使用, 因此稱為數位輸出入腳位(Digital Pin 或稱數位 I/O 腳位), 輸出是指將訊號送出到指定的 I/O 腳位上, 輸入則是讀取指定的 I/O 腳位上的訊號。隨著接下來的實驗, 你會更了解 I/O 腳位的用法。

上傳程式

與範例程式的上傳方式相同, 程式完成後, 按下 ▶, 將程式碼上傳到 Arduino 板, 由於是手動設計, 難免會產生錯誤, 如果有誤, Flag's Block 會將錯誤的問題點顯示在下方的 **Arduino IDE 執行結果**, 如下圖所示:

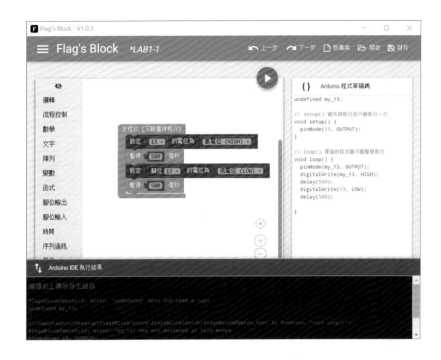

Arduino 有幾種供電方式:

- **第 1 種是用 USB 線來供電**、也就是把 PC 上的電源經由 USB 線傳送到 Arduino 板上, LAB1-1 就是用這種方法供電的。

  - ◆ 同一條 USB 線除了傳輸電源還可以傳輸資料, 我們按 ▶ 時就是把 PC 編譯好的 Arduino 程式碼經由 USB 線傳輸到 Arduino 板上。

- **第 2 種 Arduino 供電方式是經由電源插座供電。** 在實用的場合中, 當系統開發完成後就要和 PC 脫離, 成為一個獨立的系統 (稱為嵌入式系統), 因而無法再用 USB 線來取得 PC 上的電源, 所以就要由電源插座供電。

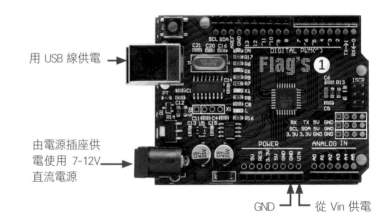

用 USB 線供電

由電源插座供電使用 7-12V 直流電源

GND ── 從 Vin 供電

上圖中, **Arduino IDE 執行結果**顯示的錯誤就是提醒使用者 **13** 是沒有定義過的, 將 **13** 換成正確的積木**腳位 13**, 重新按下 ▶, 如果 Arduino 板上的 LED 開始以每秒一次的速率閃爍的話, 就表示你第一個 Arduino 實驗成功了。

用手機掃描 QR code, 觀看範例影片, 電腦上觀看請用以下連結 ▲
("https://www.youtube.com/watch?v=jE4wZZJvJeY")

- ◆ Arduino UNO 的電源插座可以接受 7-12V 之間的直流電壓供電, 我們可以用電池或變壓器來供電, 使用電池的好處是不受 AC 電源線的限制, 是手持裝置的理想電源。

- **第 3 種直接從 Vin 和 GND Pin 腳供電**, 但由於沒經過 Arduino 內建的整流晶片, 若是前端電路設計不良容易造成系統不穩定, 所以初學者不建議使用。

1-4 Arduino 的供電

在 LAB1-1 我們順利的完成實驗, 讓 LED 閃爍的亮了起來。但是我們並沒有特別為 Arduino 板接上電源, Arduino 的電是哪裡來的呢?

02 看懂電子電路

上一章的實驗 (LAB1-1) 只用了 Arduino 主板, 然後寫了一個程式, 完全沒有使用額外的電子零件。然而, Arduino 的設計需要一些電子零件搭配, 因此你必須學會看懂簡單的電子電路。

但是不用擔心, 你並不需要修完一整年的電子學課程, 也不必讀完一整本的電路學課本, 你只要看完這十幾頁簡介就可以了!

如果你已經具備電子基本知識, 可以略過本章的內容。

2-1 電壓、電流、電阻

電壓

電壓可以驅動電子在導體內流動。乾電池、可充電電池、室內的交流電源都是電壓的來源。電壓的單位為伏特 (V), 一些較為微弱的訊號, 其電壓可能只有幾千分之一伏特, 我們以毫伏 (mV) 來代表千分之一伏特。在數位電路中, 如 Arduino, 我們常用的電源電壓為 5 伏特(簡寫成 5V) 或 3.3 伏特 (3.3V)。使用 3.3V 可以降低耗電量。

電流

因為電壓驅動電子在導體內流動, 所以形成電流, 有電流才能使得大部分的電器運作。電流的大小和電壓成正比。電流的單位為安培 (A), 在一般電子電路中常用的是千分之一安培 (稱為毫安 mA), 亦或是更微弱的百萬分之一安培 (稱為微安 μA)。

電阻

我們通常用電阻值來表示一個物體的導電性, 物體的電阻值和其導電性成反比。在電壓固定的條件下, 當一個物體的電阻值愈大, 愈不容易導電, 通過該物體的電流就愈少。反之, 電阻值愈小, 通過的電流愈大。電阻的單位為歐姆 (Ω), 電子電路常用的電阻值還有千歐姆 (KΩ) 和百萬歐姆 (MΩ)。

如果用 V 來代表電壓, R 代表電阻, I 代表電流, 那麼三者的關係如下:

$$I = V/R$$

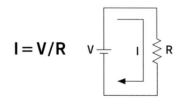

這就是有名的歐姆定律。

電阻器

利用歐姆定律, 我們可以用電阻來控制電流的大小。例如: 當我們有一顆 1.5V 的電池, 需要流出 10mA 的電流, 那麼就可以用 1.5V/10mA=150Ω 的電阻來達成:

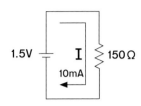

為了電路設計的需求, 市面上有各種不同數值的**電阻器(resistor)** 供我們選用。電阻器種類很多, 最常用的是**定值電阻(fixed resistor)**。定值電阻(以下簡稱電阻) 依照材質, 大致有炭膜電阻、金屬膜電阻、線繞電阻及水泥電阻、...等多種, 本書實驗用的電阻多半是金屬膜或炭膜電阻。

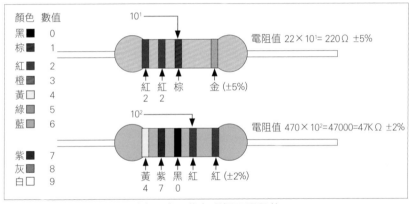

▲ 以 4 或 5 條色環標示電阻值

小型炭膜或金屬膜電阻通常是以色環來表示其電阻值及誤差值, 電阻本體的顏色, 則表示其溫度係數。以四色環的電阻為例, 由左至右, 第一環表示電阻的十位數, 第二環表示個位數, 第三環表示倍數, 而第四環則是表示誤差值。如果是五環電組, 則第一環為百位數, 第二環為十位數, 第三環為個位數, 第四環為倍數, 而第五環則是誤差百分比。色環的對照表細節, 請參考本書附錄 A。

註: 所謂倍數指的是 10 次方倍數, 例如上圖四環電阻上的棕色是 10^1=10 倍, 而五環電阻上的紅色是 10^2=100倍。

電阻器的功率

電流流過電阻會產生熱, 這些耗散的熱若太大便會燒毀電阻, 每個電阻都有其最大能承受的熱耗散功率(單位為瓦特 Watt), 一般常見的電阻耗散功率 (瓦特數, 簡稱瓦數) 有 1/8W、1/4W、1/2W、1W、2W、...。

本書會用到的電阻

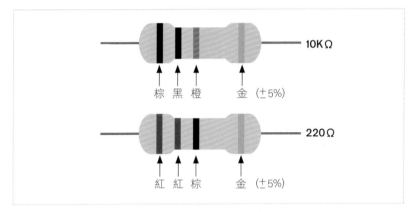

▲ 220Ω 及 10KΩ 電阻

在電子材料行購買電阻時, 零件櫃上都會標示電阻值及瓦數, 但你還是要仔細檢查電阻上的色環顏色, 以免拿到之前的客人隨手放錯的電阻。本書常用的電阻值為 220Ω 及 10K 兩種, 習慣上我們把 KΩ 簡稱為 K, 瓦數皆為 0.25W(1/4W), 第一次購買時, 大概可以每種各買十個做備用。因為小型電阻體積很小, 又要標示 5 色的色環, 有時難以用眼睛判斷, 這時就必須用三用電錶來測量, 以免出錯。

2-2 ▌ LED 燈

LED(Light Emitting Diode 發光二極體), 是目前常見的節能照明工具之一, LED 依照其用途而有不同形式與功率 (亮度)。實驗用的 LED, 只要選擇如下圖般的小型單色或彩色 LED 燈泡即可。有時因為實驗過程中會凹折接腳, 造成耗損, 因此第一次購買時, 通常每種顏色會買 5~10 個備用。

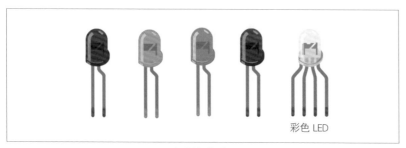

彩色 LED

▲ 各種顏色的 LED

LED 燈和電池一樣, 有分正負極, 接反了 LED 是不會亮的。LED 兩支接腳的長腳 (或有彎折的腳) 是正極, 短腳 (或筆直的腳) 則是負極。

 如果買到了兩支接腳都一樣長的 LED, 可以使用三用電表來測試。把三用電表切到 RX1 的電阻檔, 然後用紅黑探棒接觸 LED 的兩支腳, 如果 LED 亮起來, 那紅色探棒所接觸的接腳就是 LED 的正極。

使用限流電阻保護 LED

讓 LED 亮起來的方法是在 LED 兩頭加上電壓, 但是 LED 必須加上適當的電壓與電流才能正常運作(我們稱為工作電壓與電流), 如果低於這些值, 則 LED 變暗甚至不亮, 超過這些電壓、電流值, LED 便會燒毀。

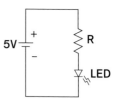

一般常見的小型紅光或黃光的 LED 其工作電壓約 1.8~2.2V, 工作電流是 10~20mA 左右, 如果是綠光、藍光或白光, 則工作電壓約 3.0~3.2V, 工作電流約 10~20mA, 所以對於 5V 工作電壓的數位電路而言, 就不能直接把 LED 接到驅動電路上, 此時可以串接一個電阻來限制通過 LED 的電流(此電阻稱為限流電阻), 以免電流過大而燒毀 LED 或驅動電路:

這個電阻值是多少呢? (如果我們用紅色 LED) 依照前述的工作電壓 2V 和工作電流 10mA 計算,

$$R＝(4.5V-2V)/10mA＝0.25KΩ ≒ 220Ω$$

註 1: 計算訣竅: V/mA=KΩ, V/KΩ=mA。

註 2: 雖然 Arduino 工作電壓是 5V, 但是輸出腳位最高電壓大約只能到 4.5~4.7V。

註 3: 因為電阻規格上的限制, 並不是任何數值都可以買到, 所以不用計算到太精確的數值, 在選購材料時, 選擇最接近的數值就可以了。像本例 0.25KΩ 我們就可選用 220Ω。

2-3 ▌ 麵包板與單心線

麵包板

麵包板的正式名稱是免焊萬用電路板, 俗稱麵包板(bread board)。麵包板不需焊接, 就可以進行簡易電路的組裝, 十分快速方便。市面上的麵包板有很多種尺寸, 你可依自己的需要選購。

麵包板的表面有很多的插孔。插孔下方有相連的金屬夾, 當零件的接腳插入麵包板時, 實際上是插入金屬夾, 進而和同一條金屬夾上的其他插孔上的零件接通。

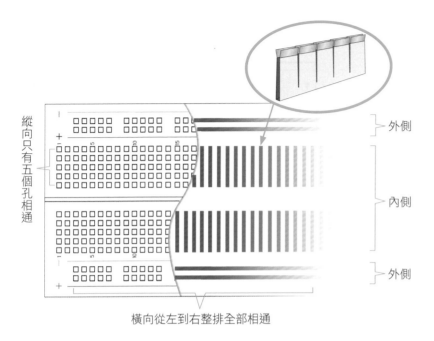

縱向只有五個孔相通

外側
內側
外側

橫向從左到右整排全部相通

　麵包板分內外兩側 (如上圖)。內側每排 5 個插孔的金屬夾片接通, 但左右不相通, 這部分用於插入電子零件。外側插孔則供正負電源使用, 正電接到紅色標線處, 負電則接到藍色或黑色標線處。以下左圖的電路為例, 把它實作到麵包板上就如下右圖這樣, 請自行加以比對即可理解麵包板的使用方法。

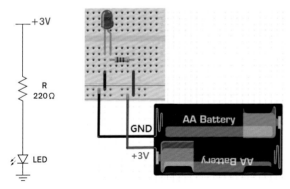

▲ 麵包板使用情形

🧑 硬體加油站

使用麵包板時, 要注意的事

1. 插入麵包板的零件接腳不可太粗, 避免麵包板內部的金屬夾彈性疲乏而鬆弛, 造成接觸不良而無法使用。若零件接腳太粗, 最好將其接腳焊接 0.6mm 的單心線後, 再將單心線插入麵包板。

2. 習慣上使用紅線來連接正電, 黑線來連接負電 (接地線)。

3. 將零件插到麵包板前, 先將接腳折成適當的角度及距離後, 再插入麵包板。

4. 當實驗結束時, 記得將麵包板上的零件拆下來, 以免造成麵包板金屬夾的彈性疲乏。

單心線

　麵包板上使用的大部分是單心線, 單心線是指電線內部為只有單一條金屬導線所構成的電線。適合 Arduino 實驗的單心線直徑為 0.6mm 左右。電線直徑是指線芯的直徑, 不包含外皮。適合 Arduino 實驗的單心線長度大約為 5~20 公分。在購買線材時, 可以購買不同長度的實驗用單心線組。電子材料行也有賣整捆的線材, 可依照個人的需求量購買, 再自行裁剪成需要的長度。若要買整捆的單心線, 切記不能只買一種顏色的單心線, 必須多買幾種顏色, 特別是分別代表正電及接地的紅線及黑線, 以免進行實驗時, 因為電線顏色都一樣而難以區別。

LAB 2-1　直接點亮 LED

實驗目的

　　用 Arduino 板上的 +5V 供電來點亮 LED, 並串接電阻限制電流量以保護 LED。本實驗也同時熟悉麵包板的使用。本實驗純係硬體實驗, 因此無須寫任何程式。

材料

- Arduino Uno 板　　1 片
- 220Ω 電阻　　　　1 個
- LED　　　　　　　1 個
- 麵包板　　　　　　1 片
- 單心線　　　　　　若干

硬體加油站

在 Arduino Uno 板子上有一排 Pin 腳標示有 Power 字樣, 這是有關電源的腳位。其中, 我們在第 1 章已介紹過 Vin 和它旁邊的 GND。這組 Pin 腳是外部提供電力給 Arduino 板的入口。在它旁邊有一組 GND 和 5V 的 Pin 腳是 Arduino 板提供給外部使用的 5V 電力出口, 凡是電路上需要 5V 的電壓, 就是由這組 (5V, GND) Pin 腳取得。如果 Arduino 是採用 3.3V 供電系統, 則可以由 3.3V 及旁邊 (共用) 的 GND 取得。

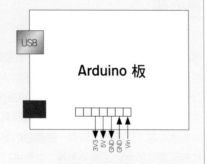

註：有的板子會把 3.3V 標示成 3V3 這樣可以節省電路板上的印刷空間

電路圖

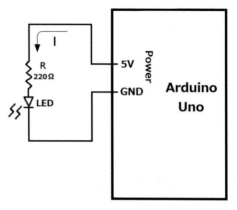

利用 Arduino 的 5V Pin 腳向外部供電點亮 LED 燈

實作圖

注意：要用 USB 線接到電腦

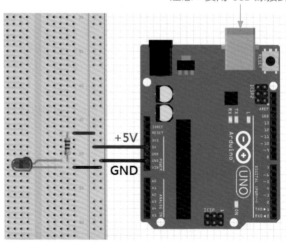

實測

　　依照上圖把零件接好, 用 USB 線把 Arduino 板接上電腦之後, Arduino 板上的 +5V 便會提供電力經由 220Ω 限流電阻而點亮 LED 燈。

2-4 電子迴路

迴路

電子零件的連接必須構成迴路才能產生作用，所謂迴路指的是能夠讓電流流通的電路。請看圖 1，電流由電池的正極(+)出發，經過電阻 R 及 LED，最後流回到電池的負極(-)，而形成迴路，其中 LED 因為電流流過而亮起來。

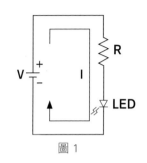

圖 1

接著來看圖 2，我們循著電池的正極 (+) 出發，經過電阻 R 及 LED 但卻無法回到電池的負極 (-)，因此電流無法流動 (電流 I=0)，造成斷路，LED 並不會亮起來，這樣就不構成一個迴路。

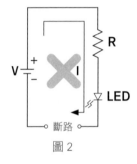

圖 2

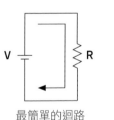

最簡單的迴路

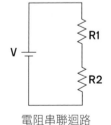

電阻串聯迴路

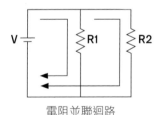

電阻並聯迴路

短路

短路泛指用一導體 (如:電線) 接通迴路上的兩個點，因為導體的電阻幾乎為 0，絕大部分的電流會經由電線流過，而不經過原來這兩個點之間的零件，如此將使得該些零件失去功能。

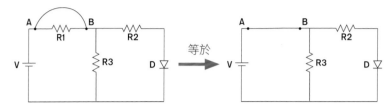

A、B 被短路，電流直接由 A 流到 B，R1 失去作用

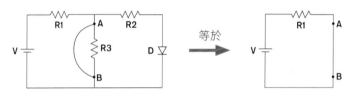

電流直接由 A 流到 B，R3、R2、D 都失去作用

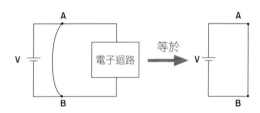

將電源短路電流直接由 A 流到 B，因為導線電阻幾乎為 0，電流變得很大，電池將發熱燒毀

如果不小心把電源的正極和負極短路，則絕大部分的電流會直接由正極流向負極，其他迴路幾乎沒有電流通過，因而失去功能。這時，連接正、負極的導線因為其電阻幾乎為 0，所以電流非常大，因而接觸的瞬間可能出現火花，乾電池可能發燙，鋰電池可能燃燒，如果是家用的 AC 電源則可能因電線走火而發生火災! 操作者不可不慎!

2-5 接地

靜電的累積

　　物體間經過摩擦、碰撞就會把電子游離出來, 這些游離的電子會偏愛累積在某些物體上暫時不動, 因此產生靜電, 物體間累積的電子數量及正負不同, 因而造成物體間電位的差異。不同電位的物體一經接觸, 就會驅使電子從高電位流向低電位, 因此產生瞬間電流, 對人體而言就是觸電現象, 對精密的電子零件 (如 IC) 則可能造成損毀。

接地把靜電分散到地球

　　一般大型的電器都會把 0 電位的點接到大地(地球)把靜電分散到地球, 因為地球太大, 所以靜電幾乎分散到零, 這樣就能避免靜電的累積而觸電, 所以 0 電位的點就稱為接地點, 只要接地, 每個人都是 0 電位, 也就沒有電位差, 就不會有電流, 就不會觸電!(是指靜電觸電, 至於電源觸電還是要小心!) 對於一般小型電器或手持裝置因為不會累積太多靜電, 沒有靜電觸電的危險, 所以並不會真的用一條電線去接地,

　　但是在繪製電子電路時, 我們還是習慣把迴路的負極 (0 電位點) 稱為接地 (Ground 簡稱 GND), 並且以 ⏚ 或 ⏛ 符號來表示。

　　之前提過, 電子迴路中電流從電源的正極流出, 經過各式電子元件, 最後流回電源的負極, 完成一個迴路。這個所有電流回流的共同路線, 通常就是接到電源負極的那條線, 也就是 0 電位的地方, 我們稱為 Ground, 簡稱 GND。

　　在電子迴路中, 接地點代表的是 0 電位點(負極), 所有接地點都可以看成是連接在同一導線上, 也就是說:

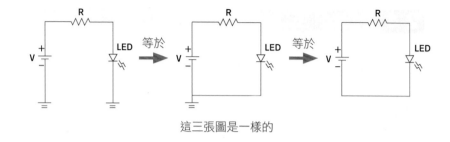

這三張圖是一樣的

　　左圖中 LED 和電池的負極看似形成斷路, 但兩者都是接到 GND, 所以是經由 GND 接通在一起的, 而右圖則是把接地符號省略 (其實真的也沒接到地), 所以上面三張圖是完全一樣的。

　　注意: 在本書中, 並沒有甚麼大電流或高頻率的實驗, 所以接地依照以上的原則就可以了, 如果是有大電流或高頻迴路時, 接地可能會有另外的問題, 關於接地的學問, 有興趣的人可自行深入探討。

到目前我們對 Arduino 板的認識:

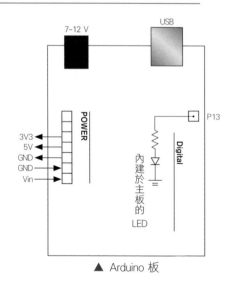

▲ Arduino 板

03 Arduino 的 數位輸出 / 輸入

Arduino 有 Digital 0-13 腳位共計 14 個數位輸出入腳位,
這些腳位可以個別做為輸出或輸入使用。本章我們將學習
如何用這些腳位來做數位輸出 (Digital Output) 和數位輸入
(Digital Input)。

LAB 3-1 數位輸出---透過外接電路閃爍 LED

實驗目的

　　這次我們將透過 Arduino 驅動外接在麵包板上的 LED, 讓它閃爍。這是我們第一次從 Arduino 板外接電路的實驗。這個實驗其實和 LAB1-1 一樣, 只不過把 Arduino 主板內建的 LED 換成麵包板上自己接線的 LED, 所以硬體上我們必須要做一些接線的動作, 而軟體上因為 OUTPUT 腳位不同, 所以積木程式內的腳位要由 13 改為實際接線到 LED 的腳位。

材料

- Arduino Uno 板　　　　1 片
- LED　　　　　　　　1 顆 (任何顏色皆可)
- 220 Ω 電阻　　　　　1 個
- 麵包板　　　　　　　1 片
- 單心線　　　　　　　若干

電路圖

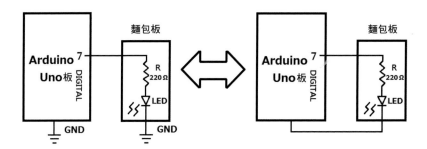

　　就如我們在第二章所言, 上圖右邊這個電路和左邊是一樣的。本實驗我們使用數位輸出的第 7 腳位來驅動 LED。其中, 為了避免電壓過高導致 LED 燒壞, 必須將 LED 串聯 220 Ω 的電阻再連接到 Arduino 的第 7 腳位 (pin7)。

實作圖

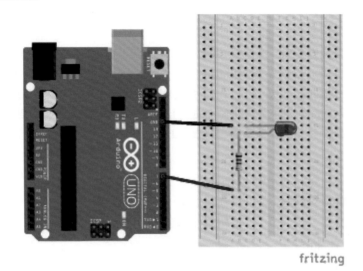

fritzing

LED 的陽極(長腳或彎曲腳)串接 220 Ω 電阻再連接到 Arduino 主板的數位第 7 腳位 (Digital Pin7, 通常簡稱 DP7、D7、P7 或 Pin7), LED 的陰極 (短腳) 則接地 (GND)。

 請注意! Arduino 主板左右都有 GND 腳位, 它們都是相通的, 你接哪一個 pin 都一樣, 但跟大部分接線接在同一邊會比較方便。

程式設計

 範例程式位於『≡/範例/創客 · 自造者工作坊#1/LAB3-1』。

我們不用重新輸入這些程式碼, 只要把 LAB1-1 的 **腳位 13** 改成 **腳位 7** 就可以了。

就程式而言, 本次實驗與 LAB1-1 的不同在於更換輸出腳位, 這次使用的是第 7 號腳位, 其他並無不同。你只要把 LAB1-1 程式拿來, 然後把所有積木內的 **腳位 13** 改為 **腳位 7** 就好了。

實測

如果程式上傳後, 麵包板上的 LED 開始以每秒一次的速率閃爍的話, 就表示你成功了。

軟體加油站

如何儲存專案

若程式設計完畢, 之後想查看, 或是設計到一半, 想下次再繼續設計, 這時候可以將專案儲存起來, 供下次使用, 以下是儲存專案的方法:

1 按**儲存**鈕儲存專案

如果是新專案第一次儲存, 會出現交談窗讓您選擇想要儲存專案的資料夾 :

2 選擇想要儲存專案的資料夾

3 輸入專案名稱

4 按此鈕儲存

若想開啟儲存過的專案, 操作方法如下:

1 按開啟鈕

2 切換到存放專案的資料夾

3 選擇要開啟的專案

4 按此鈕開啟專案

LAB 3-2 數位輸入---讀取按鈕訊號來控制 LED

實驗目的

本 LAB 要學習數位 I/O 腳位的輸入模式。使用按壓開關送出訊號給 Arduino, 經由 Arduino 的 I/O 腳位讀取該訊號, 並用以控制 LED 的亮滅。本實驗使用第 4 號腳位做為輸入腳位, 使用第 13 號腳位做為輸出腳位。

材料

- Arduino Uno 板　　　　1 片
- 10KΩ 電阻　　　　　1 個
- 常開式按壓開關　　　1 個
- 麵包板　　　　　　1 片
- 單心線　　　　　　若干

按壓開關 (Push Button)

開關的種類很多, 本實驗使用的是按壓開關 (Push Button)。按壓開關分為常開式 (Normally Open, 簡稱 N.O.) 及常閉式 (Normally Close, 簡稱 N.C.) 兩種。當我們按下開關時, 開關的兩端會由開路 (閉路) 變為閉路 (開路), 當我們放開開關時, 開關又回復到原來狀態。本實驗使用的是常開式 (N.O.) 按壓開關。

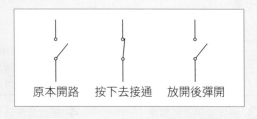

原本開路　　按下去接通　　放開後彈開

上拉電阻 (pull-up resistor) 和下拉電阻 (pull-down resistor)

在設計按壓開關的電路時, 會利用輸入腳位來讀取開關的狀態。問題是輸入腳位在沒有接受任何訊號時, 會受到周邊環境電子雜訊的影響, 而處於不確定 (undefined) 的狀況。因此我們會在電路中加裝一個電阻, 讓輸入腳位維持在確定 (known) 的電位值。設計上, 我們依照電阻的位置可分為上拉電阻 (pull-up resistor) 及下拉電阻 (pull-down resistor) 兩種。右下圖是使用上拉電阻的電路圖, 電阻連接正電 (+5V), 未按下按鈕時, 輸入腳位接受高電位 (HIGH) 的訊號, 按下按鈕後, 輸入腳位變成接受低電位 (LOW) 的訊號, 放開按鈕後, 會回復到高電位的訊號。相反地, 若使用下拉電阻的設計, 由於下拉電阻接地 (GND), 未按下按鈕時, 輸入腳位

接收低電位 (LOW) 訊號, 按下按鈕後, 變成接收高電位 (HIGH) 訊號, 放開按鈕後, 又回復到低電位。

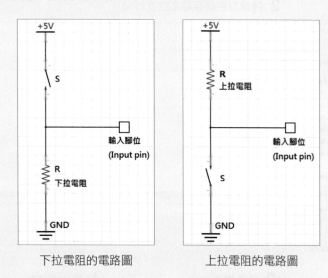

下拉電阻的電路圖　　　　　上拉電阻的電路圖

註：為什麼要接上拉或下拉電阻呢？因為若沒有串接這個電阻, 當 S 一按下去, +5V 到 GND 就變成短路, 電路就不能運作甚至燒毀電源。

高態動作 (Active High) 及低態動作 (Active Low)

如果某裝置 (Device) 因為接收到高電位訊號而產生動作或啟動, 我們稱為**高態動作 (Active High)**。因為接收到低電位的訊號而產生動作或啟動, 則稱為**低態動作 (Active Low)**。

以 LAB 3-2 的實驗為例, 我們是採用下拉電阻的設計, 平時輸入端處於低電位, 當按鈕開關按下時, 會切入到高電位而使 LED 亮起來, 因此是高態動作 (Active High) 的裝置。如果換成上拉電阻的裝置, 則成為 Active Low 的裝置。不過程式也要跟著修改。

接下頁

電路圖

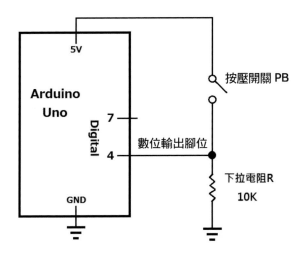

5V

Arduino
Uno

Digital

7

數位輸出腳位

4

GND

按壓開關 PB

下拉電阻R
10K

實作圖

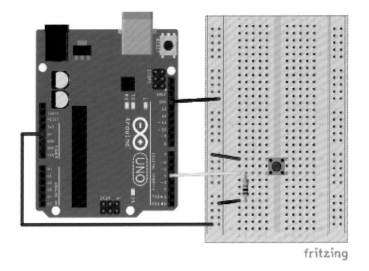

fritzing

程式設計

 範例程式位於『 ☰/範例/創客・自造者工作坊#1/LAB3-2』。

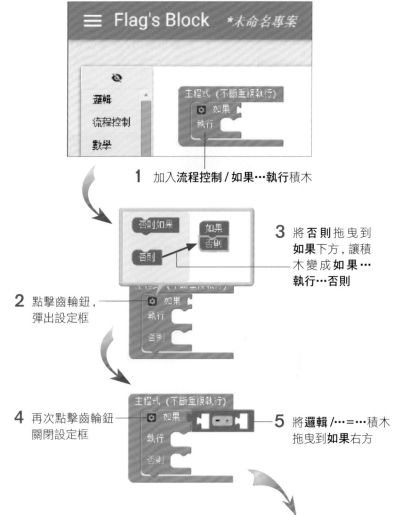

1 加入**流程控制 / 如果…執行**積木

2 點擊齒輪鈕,
彈出設定框

3 將**否則**拖曳到
如果下方,讓積
木變成**如果…
執行…否則**

4 再次點擊齒輪鈕
關閉設定框

5 將**邏輯 /…=…**積木
拖曳到**如果**右方

6 將**腳位輸入 / 讀取腳位 0 的電位高低**積木
拖曳到…＝…左方的空格中，選取**腳位 4**

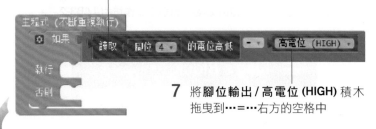

7 將**腳位輸出 / 高電位 (HIGH)** 積木
拖曳到…＝…右方的空格中

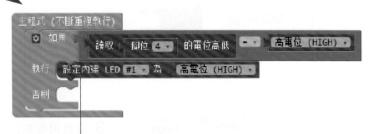

8 將**腳位輸出 / 設定內建 LED#1 為高電位
(HIGH)** 積木拖曳到**執行**內

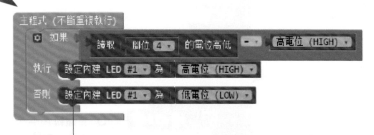

9 複製**腳位輸出 / 設定內建 LED#1 為高電位 (HIGH)** 積木，
拖曳到**否則**內，將**高電位 (HIGH)** 改為**低電位 (LOW)**

完成後點擊右上方的**儲存**鈕存檔。完整的程式如下：

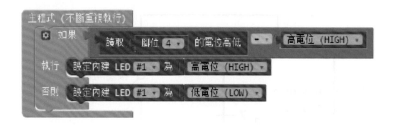

程式解說

如果…執行…否則這個積木代表判斷指令，若是符合**如果**右方的條件會執
行**執行**內的積木指令，不符合的話則是執行**否則**內的積木指令。

整個程式的意思是，如果按鈕電位是高電位(HIGH)，就將高電位(HIGH)輸
出到內建的 LED 腳位，否則，將低電位(LOW)輸出到內建的 LED 腳位。

實測

上傳程式後，在未按下按鈕前，LED 是暗的。當你按下按鈕後，Arduino
板內建於腳位 13 的 LED 會亮起來，放開按鈕後，LED 顯示燈會熄滅的話，
就表示你實驗成功了。

> **❗ 練習**
>
> 請把本實驗改成 Active Low (未按下按鈕時 LED 是亮的，按下按鈕後，
> LED 會熄滅)。

 請注意! Arduino 系統是由硬體和軟體組成的，所以修改硬體時，軟體
也要同時修改!

04 Arduino 的 類比輸出 / 輸入

第 3 章我們學習了 Arduino 的數位輸出入, 但是數位輸出入因為只有高低電位兩種狀態, 因而使用上有其限制。本章我們將學習 Arduino 的類比 (Analog) 輸出入功能, 使用類比訊號, 我們可以連續的輸出各種數值的電壓電流, 也可以讀取各種數值的電壓電流。

LAB 4-1　類比輸出---使用 PWM 控制 LED 亮度

實驗目的

利用 PWM (Pulse Width Modulation) **脈衝寬度調變**, 使 LED 能夠產生漸亮漸暗的效果, 也就是一般所謂的呼吸燈。

材料

- Arduino Uno 板　　　　　　1 個
- 麵包板　　　　　　　　　　1 個
- LED　　　　　　　　　　　1 個
- 220 Ω 電阻　　　　　　　　1 個
- 單心線　　　　　　　　　　若干

接線圖

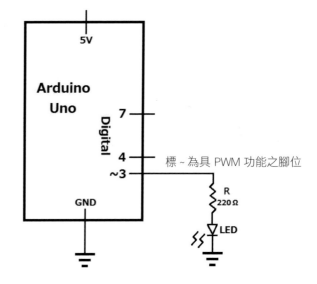

實作圖

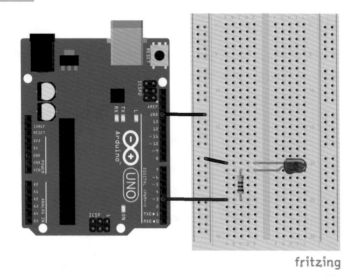

fritzing

❗ 什麼是脈衝寬度調變 (PWM)

脈衝寬度調變 (Pulse Width Modulation, 簡稱 PWM) 是以長方形脈波 (Pulse) 的方式供電, 然後在供電的週期內調整脈波寬度, 也就是週期內的供電時間。若在週期內的供電時間越長, 脈衝寬度就越寬, 所提供的電力就越大；若在週期內的供電時間越短, 脈衝寬度就越窄, 所供給的電力就越小。

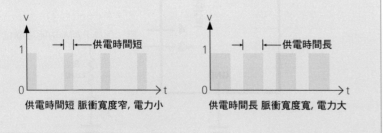

供電時間短 脈衝寬度窄, 電力小　　供電時間長 脈衝寬度寬, 電力大

Arduino UNO 板的 PWM I/O 腳位

在 Arduino UNO 板的 14 個數位 I/O 腳位中, 只有 6 個腳位是具有 PWM 功能的腳位, 分別是 3、5、6、9、10、11 號, 其他 I/O 腳位則不具有 PWM 功能。在 UNO 板上這些腳位旁印有 "~" 做為標示, 例如 "3~ 或 ~3 ", 表示這是有 PWM 功能的 I/O 腳位。一般 PWM 是用 8 個位元來控制, 因此可以分成 2^8 =256 段, 也就是脈衝的寬度由 0、$\frac{1}{256}$、$\frac{2}{256}$、$\frac{3}{256}$、…、$\frac{255}{256}$ 共 256 種寬度, 提供 256 段的電力(能量)。

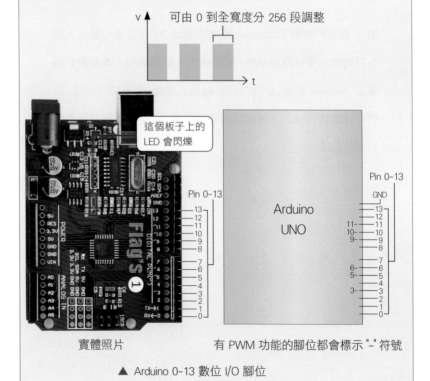

實體照片　　　　　　有 PWM 功能的腳位都會標示 "~" 符號

▲ Arduino 0~13 數位 I/O 腳位

軟體加油站

設定變數

為什麼在設計程式的時候要設定變數呢?

● **增加程式的可讀性** 當我們要更改實驗中的腳位時, 例如將腳位 13 改為腳位 7, 往往需要逐一修改, 然而當程式量很龐大或很複雜時, 會浪費大量的時間, 甚至發生遺漏的狀況, 且程式中若是都以數字表示, 可能連自己都忘記數字所代表的意義, 因此可以在一開始將這些腳位設定變數名稱, 例如 LED 腳位, 以後要修改時, 只要更改變數的定義值即可, 而不用逐一修改, 也能增加程式的可讀性。

● **儲存暫時性的資料** 在設計程式時, 通常我們會需要一個固定的空間來儲存資料, 例如儲存某一腳位讀取到的 ADC 值, 這時就需要在前頭設定一個變數名稱, 方便之後的使用。

程式設計

📦 範例程式位於『 ≡/範例/創客‧自造者工作坊#1/LAB4-1』。

1. 設定變數名稱

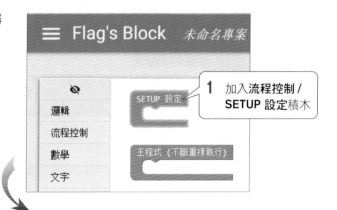

1 加入**流程控制 / SETUP 設定**積木

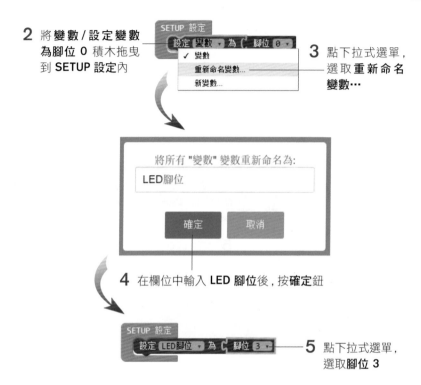

2 將**變數 / 設定變數為腳位 0** 積木拖曳到 **SETUP 設定**內

3 點下拉式選單, 選取**重新命名變數…**

4 在欄位中輸入 **LED 腳位**後, 按**確定**鈕

5 點下拉式選單, 選取**腳位 3**

2. 設計呼吸燈的前半段迴圈

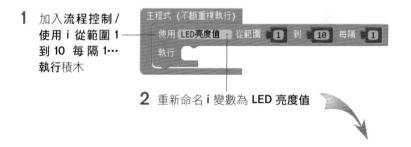

1 加入**流程控制 / 使用 i 從範圍 1 到 10 每隔 1…執行**積木

2 重新命名 i 變數為 **LED 亮度值**

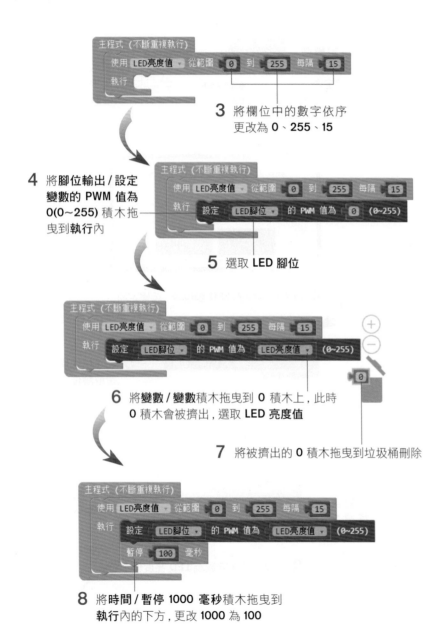

3 將欄位中的數字依序
更改為 0、255、15

4 將腳位輸出 / 設定
變數的 PWM 值為
0(0~255) 積木拖
曳到**執行**內

5 選取 **LED 腳位**

6 將**變數 / 變數**積木拖曳到 0 積木上，此時
0 積木會被擠出，選取 **LED 亮度值**

7 將被擠出的 0 積木拖曳到垃圾桶刪除

8 將**時間 / 暫停 1000 毫秒**積木拖曳到
執行內的下方，更改 1000 為 100

3. 設計呼吸燈的後半段迴圈

1 對整個**使用 LED 亮度值從範圍 0 到 255 每隔 15…
執行**積木按右鍵，選取**複製**

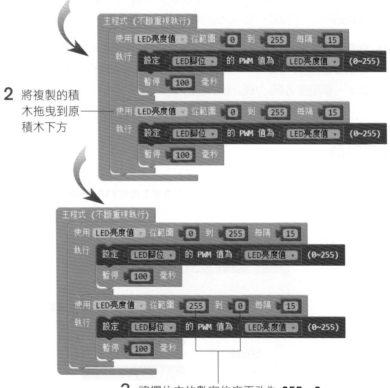

2 將複製的積
木拖曳到原
積木下方

3 將欄位中的數字依序更改為 **255、0**

4. 完成後點擊右上方的**儲存鈕**存檔。完整的程式如下：

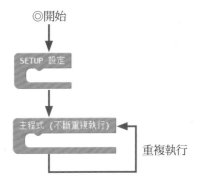

程式解說

如果程式需要進行一些初始的工作，像是設定變數名稱，我們會將這些工作放在 **SETUP 設定**積木內，在此積木內的程式會率先被執行且只會執行 1 次。

◎開始

→

SETUP 設定

↓

主程式 (不斷重複執行) → 重複執行

因此程式一開始會將**腳位 3** 設定為變數名稱 **LED 腳位**。

接著進入主程式，並重複執行內部的積木指令，**使用 LED 亮度值從範圍 0 到 255 每隔 15…執行**這個積木的意思是第一次執行時 LED 亮度值先設為 0，之後重複執行**執行**內的指令，每執行一次 LED 亮度值就加 15，直到 LED 亮度值為 255 就停止重複執行。

下一個積木迴圈則是反過來，一開始設定 LED 亮度值為 255，重複執行積木內的指令，每執行一次就將 LED 亮度值減 15，直到 LED 亮度值為 0，看到的效果就會是 LED 不斷反覆呼吸。

實測

如果上傳程式成功的話，便會看到 LED 的亮度產生漸明漸暗的變化。

▲ 用手機掃描 QR code，觀看範例影片，電腦上觀看請用以下連結
("https://www.youtube.com/watch?v=m9q67hskx4w)

LAB 4-2　類比輸入---用可變電阻調整 LED 亮度

實驗目的

使用類比輸入腳位來讀取可變電阻的電壓，以調整 LED 的亮度。

材料

- Arduino Uno 板　　　　　　　1 片
- 麵包板　　　　　　　　　　　1 片
- 可變電阻　　　　　　　　　　1 個
- LED　　　　　　　　　　　　1 顆
- 220 Ω 電阻　　　　　　　　　1 個
- 單心線　　　　　　　　　　　若干

❗ 關於可變電阻

可變電阻 (Variable Resistor, 簡稱 VR) 是手動式的可調電阻。可變電阻有三個接腳, 轉動其旋鈕可調整電阻值。通常我們會在可變電阻的兩端 (第 1 及第 3 腳) 接上 V 電壓, 這時 P 點 (第二腳) 的電壓值是由 P 點相對於第 1 及第 3 腳的 (即 R1 和 R2) 比值來決定的。P 點的電壓值為, 其中 R1+R2=R 為可變電阻的總電阻值, 當我們旋轉可變電阻的旋鈕, R1 和 R2 的值會改變, 因此 P 點的電壓也就跟著改變。

可變電阻照片

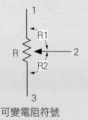

可變電阻符號

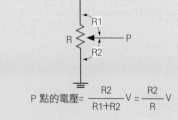

P 點的電壓 $= \dfrac{R2}{R1+R2}V = \dfrac{R2}{R}V$

轉動轉軸可以改變 R1 和 R2 的值, 但 R1+R2 永遠為 R。

❗ 類比數位轉換器 (Analog to Digital Converter, 簡稱 ADC)

前面提到, 可變電阻中點的電位可以由 0-V 值之間連續變化, 如果要偵測 (讀取) 這個電壓, Arduino 就必須具備讀取類比電壓值的能力。

由於電腦 (MCU) 內部只能處理數位訊號。因此當 Arduino 接收到類比訊號時, 必須使用**類比數位轉換器 (Analog to Digital Converter, 以下簡稱 ADC)** 將類比訊號轉換成數位訊號, Arduino 才有辦法處理。Arduino Uno 板有 A0~A5 共 6 個**類比輸入 (analog Input)** 腳位。當類比輸入腳位讀取到外部的電壓值 (0V~+5V) 後, 經過 ADC 的轉換, 會回傳一個 0 到 1023 的整數值來對應原本 0V~+5V 之間的電壓值。回傳的整數值將電壓值的大小分成 1024 段, 所以 0 對應 0V, 512 對應 +2.5V, 1023 則對應 +5V。這種方式不是真的類比輸入, 只可以說是仿類比輸入而已。

電路圖

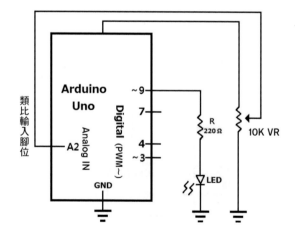

實作圖

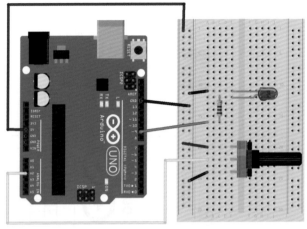

fritzing

程式設計

 範例程式位於『≡/範例/創客・自造者工作坊#1/LAB4-2』。

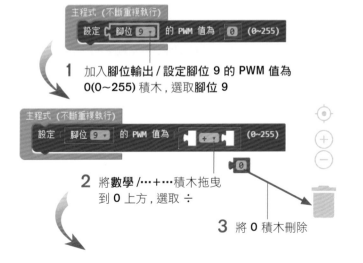

1 加入腳位輸出 / 設定腳位 9 的 PWM 值為 0(0~255) 積木, 選取腳位 9

2 將**數學** /…+…積木拖曳 到 0 上方, 選取 ÷

3 將 0 積木刪除

4 將腳位輸入 / **讀取腳位 A0 的 ADC 值 (0~1023)** 積木拖曳到…÷…的左方, 選取 **A2**

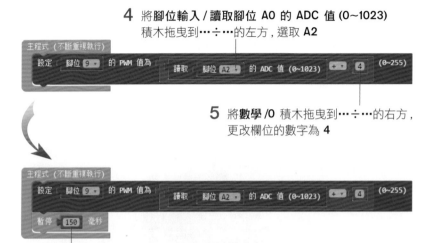

5 將**數學** /0 積木拖曳到…÷…的右方, 更改欄位的數字為 **4**

6 將**時間** / **暫停 1000 毫秒**積木拖曳到 主程式內的下方, 更改數字為 **150**

完成後點擊右上方的**儲存鈕**存檔。完整的程式如下:

程式解說

　　每 150 毫秒讀取一次腳位 A0 的電阻分壓值, 將分壓值傳到 PWM 腳位 9, 由於 PWM 值僅接受 0~255 之間的數值, 所以必須將介於 0~1023 的 ADC 值除以 4。

實測

上傳程式後，轉動可變電阻的旋鈕，LED 的亮度會因可變電阻的電壓值而改變。當可變電阻的旋鈕轉到最大值時，LED 會達到最亮，相反地，轉到最小值時，LED 便會熄滅。

◀用手機掃描 QR code，觀看範例影片，電腦上觀看請用以下
連結 ("https://www.youtube.com/watch?v=-NUZOzGU9Sk")

到目前我們對 Arduino 板的認識：

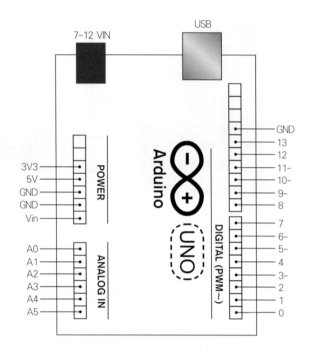

認識了這些 Arduino 基本的腳位功能，就足夠讓我們做出許多實用的設計作品了。

05 用序列埠 Serial Port 與 PC 通訊

序列通訊可以讓 Arduino 和其他設備相互傳送訊息。在 Flag's Block 中加入幾個積木指令, 再配合 Arduino IDE 就可以讓 Arduino 和 PC 互傳訊息。不過一般最常用的是在 PC 觀看 Arduino 傳過來的訊息, 以便了解 Arduino 系統是否如預期的工作, 這對於偵察系統的錯誤 (偵錯, Debug) 十分有用。本章我們就介紹如何由 Arduino 把資料傳送到 PC 的方法。

LAB 5 使用 Serial Port 將資料傳送到序列埠監控視窗

實驗目的

學習使用 Arduino 的序列埠 (Serial Port) 和個人電腦溝通。本實驗我們使用 Arduino 的序列埠來傳送可變電阻的電壓值到電腦, 並顯示在電腦的螢幕上。

材料

- Arduino Uno 板   1 個
- 麵包板   1 個
- 可變電阻   1 個
- 單心線   若干

> **❗ 什麼是序列埠 (Serial port)?**
>
> Uno 板的數位 I/O port 第 0 腳位及第 1 腳位除了做為數位 I/O 功能之外, 同時也具有序列傳輸 (serial I/O) 的功能。標示 "RX" 的第 0 腳位負責接收 (Receive) 資料, 而標示 "TX" 第 1 腳位則是負責送出 (Transmit) 資料。
>
> 那麼, RX/TX 是要傳送到哪裡呢?Arduino 的 RX/TX 可透過板子上的 USB 接頭傳送, 所以如果 USB 是接到電腦, 那 serial 傳送的資料就可以送到電腦。如果 Arduino 板的 RX/TX (第 0、1 腳位) 接到其他設備則 serial 的資料就會傳送 (或接受) 到該設備上, 不過先決條件是, 該設備必須也有相對應的軟硬體來和 Arduino 相互傳送資料。
>
> 接下頁

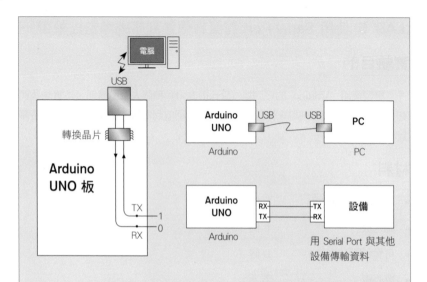

另外, 在 Uno 板上有分別標示 TX 及 RX 的內建 LED, 當 Arduino 上傳程式碼時, 我們可以看到這兩顆 LED 會頻繁地閃爍, 代表正在傳送資料。這裡要特別注意的是, 當我們使用序列埠的同時, 就不能再使用第 0、1 數位腳位進行數位 INPUT/OUTPUT 了。

注意：其實 RX/TX 才是真正用來傳輸資料的接口, USB 只是 RX/TX 借道的通路, 方便用來連接電腦而已。序列傳輸時, 傳送方和接受方的傳輸速率必須相同。序列傳輸的速率單位稱為**鮑率** (Baud Rate), Arduino 的鮑率通常設為 9600 Baud。

電路圖

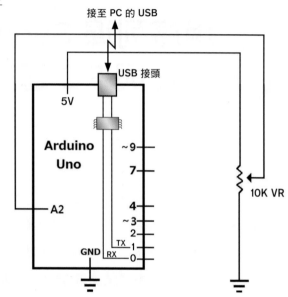

實作圖

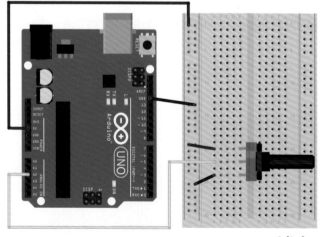

fritzing

程式設計

 範例程式位於『≡/範例/創客‧自造者工作坊#1/LAB5』。

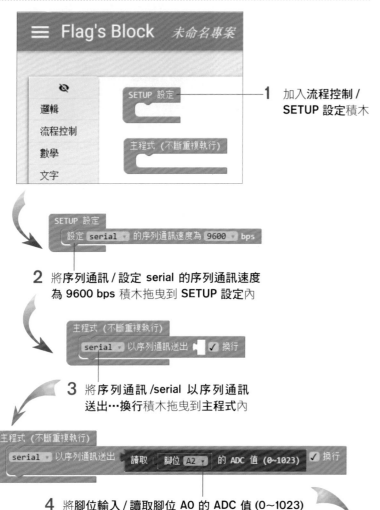

1 加入**流程控制** / **SETUP 設定**積木

2 將**序列通訊** / **設定 serial 的序列通訊速度為 9600 bps** 積木拖曳到 **SETUP 設定**內

3 將**序列通訊** /**serial 以序列通訊送出…換行**積木拖曳到**主程式**內

4 將**腳位輸入** / **讀取腳位 A0 的 ADC 值 (0~1023)** 積木拖曳到空格中, 選取**腳位 A2**

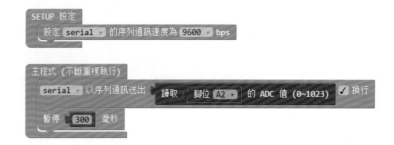

5 將**時間** / **暫停 1000 毫秒**積木拖曳到 **主程式**內的下方, 更改 **1000** 為 **300**

完成後點擊右上方的**儲存**鈕存檔。完整的程式如下:

程式解說

　　一開始先開啟序列埠, 並設定傳輸的速率為 9600 鮑率。設定傳輸速率是為了使 Arduino 及電腦之間保持相同的傳輸速率, 雙方必須保持相同的傳輸速率, 資料的傳輸才會正確。

　　接著讀取腳位 A2 的值, 將序列埠的資料傳送給電腦, 顯示在 Arduino 的整合開發環境所提供的序列埠監控視窗, 並且將每個數據分行顯示。若是未勾選**換行**, 則數據不會換行, 而會全部連接顯示在同一排。

　　最後暫停 0.3 秒後再繼續重複執行, 避免數據更新太快。

實測

這個實驗需要使用 Arduino 的整合開發環境所提供的序列埠監控視窗, 成功上傳程式後, 點擊 ☰ 展開功能表, 選擇**在 Arduino IDE 中開啟程式碼**。

開啟 Arduino IDE 視窗後, 點擊右上角的 開啟序列埠監控視窗, 確認右下角的傳送速率為 9600。

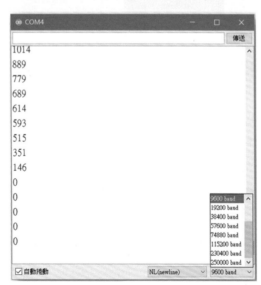

透過監控視窗可以看到每隔 0.3 秒會從 Arduino 控制板傳送一筆偵測值, 試著轉動可變電阻的旋鈕, 觀看數值的變化。測試完成後請關閉序列埠監控視窗。

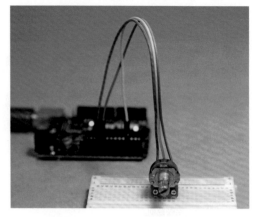

▲ 用手機掃描 QR code, 觀看範例影片, 電腦上觀看請用以下連結 ("https://www.youtube.com/watch?v=9_DAna70uhs")

🧑 軟體加油站

電腦端的傳輸速率 (Baud Rate) 設定錯誤會怎麼樣?

▲ 序列埠監控視窗的畫面。

Arduino 端的鮑率可以在程式設計時設定, 而電腦端的鮑率則必須在序列埠監控視窗右下角來做設定。例如本實驗的程式設定為 9600, 所以在開啟序列埠監控視窗時, 必須注意視窗右下角的電腦端的鮑率也必須設為 9600, 如此一來, Arduino 端及電腦端兩者的傳輸速率才會相同。如果只將序列埠監控視窗的電腦端的鮑率改成 19200 baud, 程式中的鮑率仍維持 9600 baud 的話, 序列埠資料傳送的狀況會變怎樣呢?

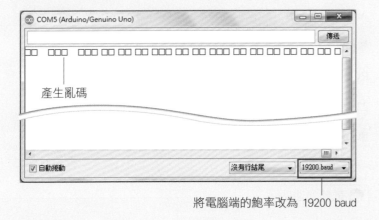

將電腦端的鮑率改為 19200 baud

若單方面將電腦端的鮑率改為 19200, 傳輸資料會變成一串無意義的亂碼。

序列埠傳輸有甚麼用呢

　　由 Arduino 把資料經由序列埠傳到電腦有甚麼用呢? 用途很多, 其中一個用途是我們可由序列埠監控視窗內看到 Arduino 上某些硬體節點上的電壓值或其他數據, 經由這些數據我們可以觀察到 Arduino 電路上的狀態, 進而了解其運作情形, 這十分有助於偵錯 (debug) 的依據! 例如本例, 我們就可以看到送過來的數據會因為我們轉動可變電阻而改變, 這就表示可變電阻是有在運作了。

到目前我們對 Arduino 板的認識:

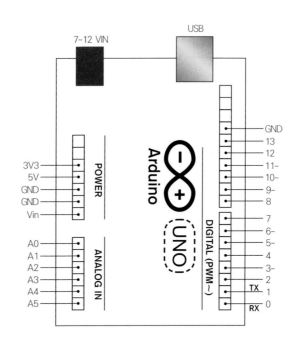

06 三色 LED 的控制

接下來幾章, 我們就以前面 5 章學過的知識來做一些實作, 同時對一些硬體元件、感測器及程式多一些練習。

之前我們學會如何點亮 LED, 這次我們要點亮三色 LED, RGB 三色 LED 是把紅、藍、綠三個 LED 包裝成一顆 LED, 我們可以個別控制其發光, 因此三色 LED 除了能夠單獨發出紅、綠、藍三種色光外, 還可混搭出各種顏色的光。若三色發光強度相同, 則可呈現出白光。

LAB 6　RGB 三色 LED

實驗目的

　　本實驗使用 PWM 來產生不同大小的電壓以驅動三色 LED, 使 LED 產生各種色光組合的變化。

材料

- Arduino Uno 板 　　　　　　　　　　1 片
- 麵包板 　　　　　　　　　　　　　　1 片
- RGB 三色 LED (共陰極) 　　　　　　1 個
- 220 Ω 電阻 　　　　　　　　　　　　3 個
- 單心線 　　　　　　　　　　　　　　若干

> 軟體加油站
>
> **RGB 三色 LED**
>
> RGB 三色 LED 除了能夠單獨發出紅、綠、藍三種色光外, 如果使 LED 同時發出其中兩種色光, 則可產生淡黃色 (紅光 + 綠光)、青色 (綠色 + 藍色) 及紫色 (紅色 + 藍色) 等色光, 如果同時發出等亮的紅綠藍三種色光, 則可產生白光。

RGB 三色 LED 分成共陰極 (common cathode, 簡稱 CC) 和共陽極 (common anode, 簡稱 CA) 兩種。共陰極是將 RGB 三個 LED 的陰極相連形成一個共同接腳, 而共陽極則是將 RGB 三個 LED 的陽極相連形成一個接腳。因此 RGB 三色 LED 共有 4 個接腳, 其中三隻較短的接腳分別控制三種色光, 另外一隻最長的接腳就是公共 (共陰極或共陽極) 的接腳, 又稱為 COM 腳。本實驗所使用的三色 LED 是採用共陰極方式, 如下圖所示, 其接腳由左到右分別為紅色、COM 腳、綠色、藍色。

在外觀上, 共陰極和共陽極的零件看起來完全相同, 所以在購買時, 必須分清楚是購買共陰極或共陽極的零件。如果你不知道 LED 是共陰極或共陽極, 可以使用三用電錶來做判定。

在此要注意的是雖然共陰極和共陽極的零件外觀相同, 但其接法和程式碼卻是完全相反。在接法方面, 共陰極的零件, 其 COM 腳必須接地, 若是共陽極的零件, 其 COM 腳則必須接到正電源。在此 Arduino 實驗中, 我們是使用共陰極的三色 LED, 因此 COM 腳必須接地, 而三隻控制色光的接腳則必須經由限流電阻接到 PWM 數位 I/O 腳位。在程式碼方面, 共陰極的三色 LED 必須使用高電位的訊號來驅動, 共陽極的零件則必須使用低電位的訊號來驅動。

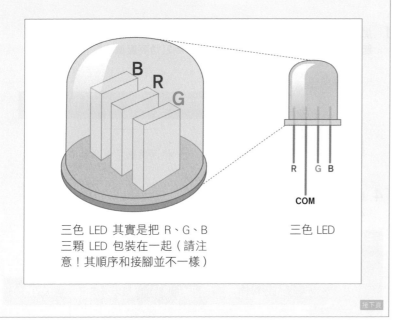

三色 LED 其實是把 R、G、B 三顆 LED 包裝在一起 (請注意! 其順序和接腳並不一樣)

三色 LED

接下頁

電路圖

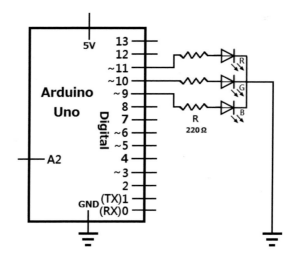

39

實作圖

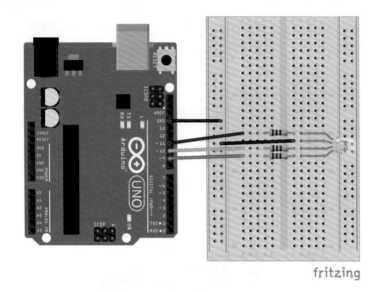

fritzing

程式設計

 範例程式位於『≡/範例/創客‧自造者工作坊#1/LAB6』。

1. 設定腳位的變數名稱

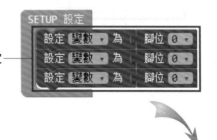

1 加入 3 個**變數 / 設定變數為腳位 0** 積木

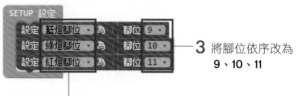

3 將腳位依序改為 **9、10、11**

2 重新命名變數為如圖所示

 請注意!在命名第二個變數時, 要從下拉式選單中選取**新變數…**, 輸入變數名稱, 若是直接選**重新命名變數…**, 會將之前的變數名稱一起修改。

2. 設計紅色 LED 呼吸燈

1 加入**流程控制 / 使用 i 從範圍 1 到 10 每隔 1** 積木

2 將 i 變數重新命名為**紅燈亮度值**

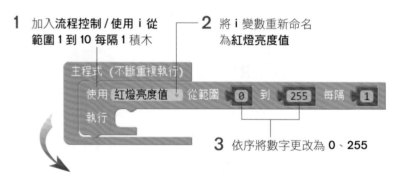

3 依序將數字更改為 **0、255**

4 將**腳位輸出 / 設定變數的 PWM 值為 0(0~255)** 積木拖曳到**執行**內

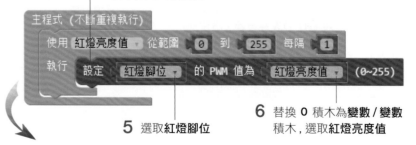

5 選取**紅燈腳位**

6 替換 0 積木為**變數 / 變數**積木, 選取**紅燈亮度值**

40

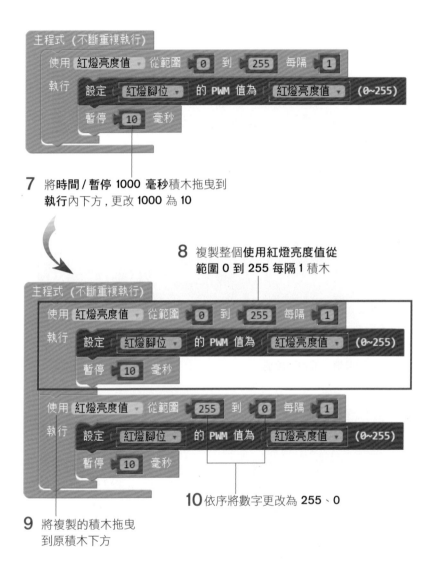

7 將**時間／暫停 1000 毫秒**積木拖曳到
執行內下方，更改 **1000** 為 **10**

8 複製整個**使用紅燈亮度值從
範圍 0 到 255 每隔 1** 積木

9 將複製的積木拖曳
到原積木下方

10 依序將數字更改為 **255、0**

3. 設計綠色 LED 呼吸燈

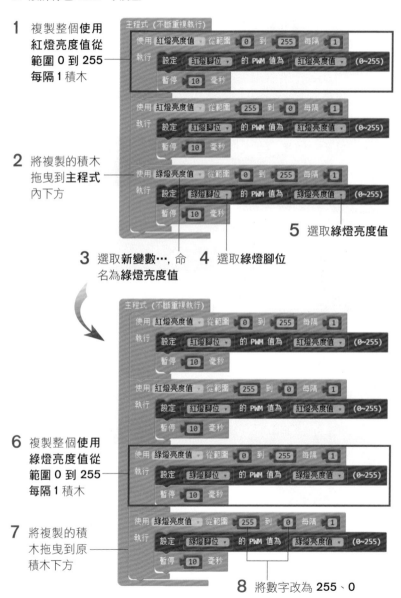

1 複製整個使用
紅燈亮度值從
範圍 0 到 255
每隔 1 積木

2 將複製的積木
拖曳到主程式
內下方

3 選取**新變數…**，命
名為**綠燈亮度值**

4 選取**綠燈腳位**

5 選取**綠燈亮度值**

6 複製整個**使用
綠燈亮度值從
範圍 0 到 255
每隔 1** 積木

7 將複製的積
木拖曳到原
積木下方

8 將數字改為 **255、0**

4. 設計藍色 LED 呼吸燈

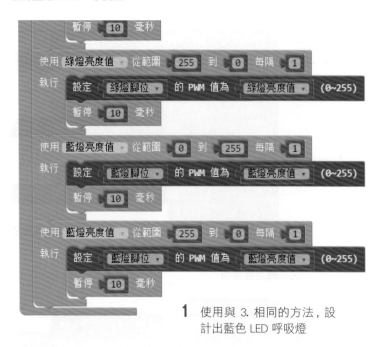

1 使用與 3. 相同的方法，設計出藍色 LED 呼吸燈

5. 設計隨機變色的 LED

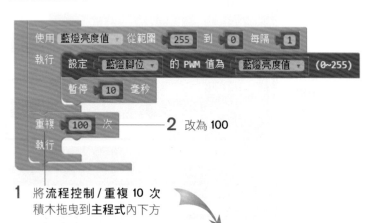

2 改為 100

1 將**流程控制 / 重複 10 次**積木拖曳到**主程式**內下方

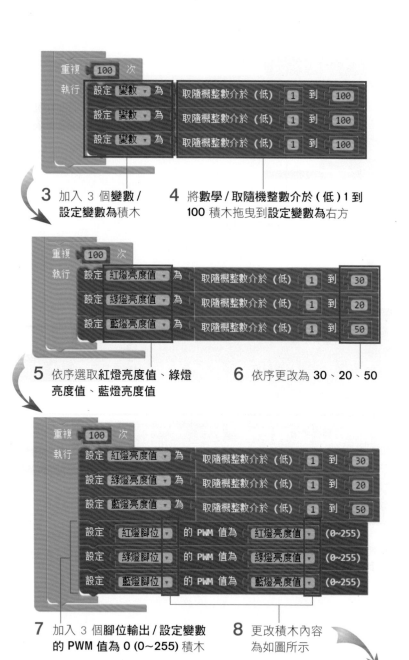

3 加入 3 個**變數 /設定變數為**積木

4 將**數學 / 取隨機整數介於 (低) 1 到100** 積木拖曳到**設定變數為**右方

5 依序選取**紅燈亮度值**、**綠燈亮度值**、**藍燈亮度值**

6 依序更改為 30、20、50

7 加入 3 個**腳位輸出 / 設定變數的 PWM 值為 0 (0~255)** 積木

8 更改積木內容為如圖所示

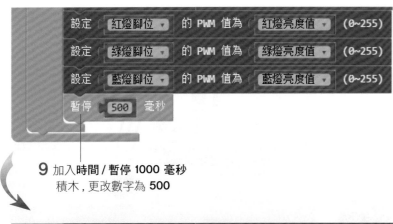

9 加入**時間 / 暫停 1000 毫秒**
積木，更改數字為 **500**

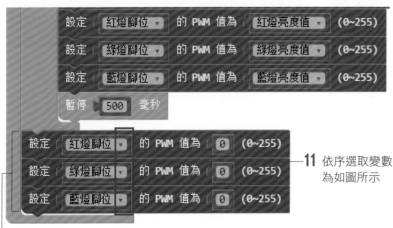

11 依序選取變數
為如圖所示

10 將 3 個腳位輸出 / 設定變數的 PWM 值為 **0**
(0~255) 積木拖曳到**主程式**內的最下方

6. 完成後點擊右上方的**儲存**鈕存檔。完整的程式如下：

程式解說

一開始先分別設計紅、綠、藍色的 LED 呼吸燈。

 請注意!若要顯示單一顏色時,必須將其餘顏色的亮度值設為 0,因為只要 PWM 值大於 0,那個顏色的燈就不會完全熄滅,如此一來便會產生混色效果。所以設定單色呼吸燈迴圈時,要在前一個顏色的亮度值為 0 時,才開始點亮下一個顏色,否則你會看到三色以外的混合色。

接著,將紅、綠、藍燈亮度值分別設為有範圍的隨機整數值,再將各個燈腳位的 PWM 值設為對應的亮度值。由於人眼對不同顏色的光感受程度不同,因此相同能量的光,可能會產生不同亮度的效果,一般來說眼睛對綠光的感受程度最大,對紅光的感受程度次之,對藍光的感受程度最小。所以我們設定的隨機整數範圍也不同,綠燈最小,而藍燈最大,使三色的亮度不會落差太大。

最後將各個顏色的 LED 熄滅。

實測

上傳程式後,LED 分別先以紅、綠、藍的顏色做出呼吸燈的效果,最後再以隨機亂數的 RGB 組合來產生各種顏色的光。

▲ 用手機掃描 QR code,觀看影片範例,電腦上觀看請用以下連結
("https://www.youtube.com/watch?v=Wrr0wCgkGw4")

注意,由於 RGB 三色的 LED 並不是真的重疊在一起,所以近看還是可以看到個別原色的色光,而黃色、青色、紫色等組合出來的效果必須遠看才會看得出來。總之,各色 LED 間的距離愈近,組合顏色的效果就愈好。但是,一般這種簡易型的三色 LED 三色燈芯封裝的間距也不是等距離,所以就沒辦法要求做出太好的效果了!

用 PWM 驅動 LED 時,你會發現並不是那麼平順,也就是呼吸燈一開始就很快變亮,而後續加亮的動作就不那麼明顯,這主要是人的眼睛對於亮度有調節作用,當亮度很小時,眼睛會自動提高其靈敏度,所以當 PWM 在最小驅動週期 (1/256) 時,眼睛已經察覺了,而當 LED 夠亮時,眼睛又自動把靈敏度調低,所以後半段,例如: 50/256 - 255/256 這段驅動週期,感覺又沒有快速變亮了。

要克服這個問題,可以拉長前段時間,縮短後段時間,會有較明顯的效果。

07 LED 排燈

LED 是常用的顯示裝置, 前面我們用數位輸出及類比輸出 (PWM) 驅動過 LED, 也使用過 3 色的 LED, 本章我們就來練習驅動 10 顆 LED 並做出顯示效果。我們要逐漸增加硬體接線的複雜度, 並嘗試在程式上做些微的變化來改變 LED 的顯示效果。

LAB 7-1 使 LED 排燈左右來回點亮

實驗目的

排成一排的 LED 稱為 LED 排燈。我們可以將本實驗將使用 Arduino 使 LED 排燈左右來回閃爍。

材料

- Arduino Uno 板　　　　　1 個
- 麵包板　　　　　　　　　1 個
- LED　　　　　　　　　　10 個
- 220 Ω 電阻　　　　　　　10 個
- 單心線　　　　　　　　　若干

電路圖

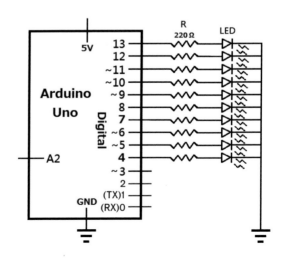

實作圖

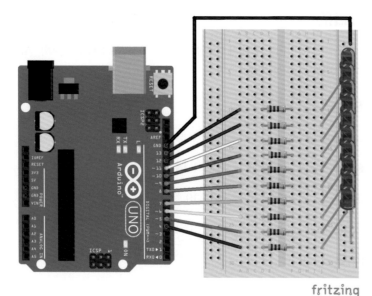

fritzing

程式設計

範例程式位於『≡/範例/創客・自造者工作坊#1/LAB7-1』。

1. 設定腳位的變數名稱

1 加入 2 個**變數
/設定變數為**
腳位 0 積木

2 依序命名變數為**第一個 LED
腳位、最後一個 LED** 腳位

3 依序選取腳位 4、腳位 13

2. 設計來回亮滅的 LED

1 加入**流程控制 / 使用 i 從範圍 1 到 10 每隔 1** 積木

2 將 i 變數重新命名
為 **LED** 腳位

3 以**變數 / 變數**積木替換 1 和
10,並依序選取為如圖所示

4 加入**腳位輸出 / 設定變數的電位為高
電位 (HIGH)** 積木,選取 **LED** 腳位

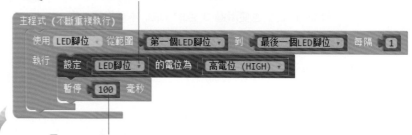

5 加入**時間 / 暫停 1000 毫秒**,更改數字為 **100**

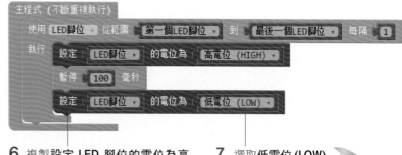

6 複製**設定 LED 腳位的電位為高
電位**積木,並拖曳到**執行**內下方

7 選取**低電位 (LOW)**

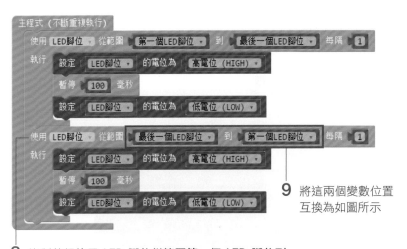

9 將這兩個變數位置互換為如圖所示

8 複製整個**使用 LED 腳位從範圍第一個 LED 腳位到最後一個 LED 腳位每隔 1** 積木，拖曳到原積木下方

3. 完成後點擊右上方的**儲存**鈕存檔。完整的程式如下：

程式解說

　　從**第一個 LED 腳位**(腳位 4)開始點亮，暫停 0.1 秒後熄滅，接著換下一個 LED 做同樣的動作，重複執行到**最後一個 LED 腳位**(腳位 13)為止。

　　接著順序相反，LED 從**最後一個 LED 腳位**開始亮回**第一個腳位**。

實測

　　成功上傳程式後，LED 排燈將從由下向上依序亮滅，當亮到最上面的 LED 後，會再由上向下依序亮滅，並且維持這樣的亮燈循環持續下去。

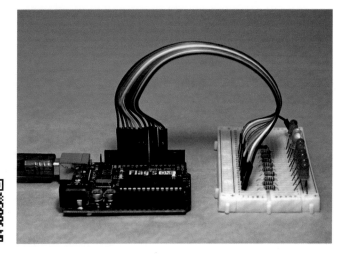

 ▲ 用手機掃描 QR code，觀看範例影片，電腦上觀看請用以下連結 ("https://www.youtube.com/watch?v=780rdiTxpnc")

 請注意！實驗做完請不要馬上把線路拆掉，我們只要改一點程式，系統的行為馬上會有不一樣的效果。請看下一個實驗。

LAB 7-2　改變 LED 排燈亮滅的速度

實驗目的

改變 LED 來回亮燈的速度。

材料

同 LAB 7-1。

電路圖

同 LAB 7-1。

實作圖

同 LAB 7-1。

程式設計

範例程式位於『≡/範例/創客‧自造者工作坊#1/LAB7-2』。

只需將 LAB 7-1 的程式修改為如下圖即可，修改完點擊『≡/另存新專案』存檔。

需要修改處

程式解說

這個程式主要是改變 LED 點亮跟熄滅的速度，所以我們把兩個迴圈裡頭的**暫停…毫秒**中的數值設為變數，也就是原來的**暫停 100 毫秒**改成**暫停間隔時間*20 毫秒**，然後在原來的兩個迴圈外頭以一個用**間隔時間**為變數的迴圈包起來。如此一來，LED 來回點亮的速度就會隨**間隔時間**值的變化而改變。

實測

LAB 7-1 和 LAB 7-2 硬體完全相同，程式只有幾個地方不同，但系統行為卻有不一樣的表現，這就告訴我們，軟體的重要性，同樣的硬體、不同的軟體，結果卻大不同!

用手機掃描 QR code，觀看範例影片，電腦上觀看請用以下連結 ▲
("https://www.youtube.com/watch?v=_ynTM94N6pk")

08 光線感測 -- 做一個自動照明系統

這類感測器有很多種, 包含光線、溫度、濕度、壓力、加速度、…等等, 這些感測器會因為感測的物理量或化學量的變化而改變其電阻值, 因而造成分壓點上的電壓變化, 我們因而可以用 Arduino 的類比輸入腳位來讀取這個電壓。

接下來的幾個實驗, 其實是基於 LAB 4-2 的架構, LAB 4-2 我們由可變電阻的中央腳位讀取分壓, 現在我們把可變電阻換成感測器和一個分壓電阻, 線路如下:

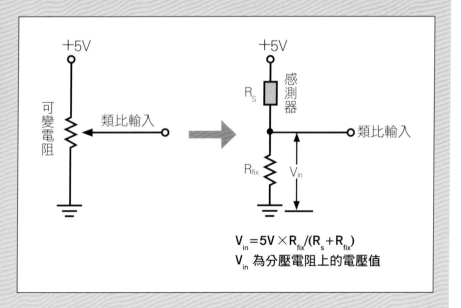

$$V_{in} = 5V \times R_{fix}/(R_s + R_{fix})$$
V_{in} 為分壓電阻上的電壓值

LAB 8 光線感測 - 用光敏電阻做一個自動照明系統

實驗目的

本實驗使用**光敏電阻**來感測光線 (照明) 的強弱。我們設計了一個自動照明系統, 當光敏電阻的感測值 (環境亮度) 高於某一個特定值時 (視為高亮度), LED 不會亮燈, 而當光敏電阻的感測值 (環境亮度) 低於某個特定值時 (視為低亮度), LED 將會亮起。

材料

- Arduino Uno 板　　　　　1 個
- 麵包板　　　　　　　　　1 個
- 光敏電阻　　　　　　　　1 個
- 220 Ω 電阻　　　　　　　1 個
- 10K Ω 電阻　　　　　　　1 個
- LED　　　　　　　　　　1 個
- 單心線　　　　　　　　　若干

光敏電阻 (photoresistor)

光敏電阻是利用光改變導電效應的一種電阻, 其電阻值和光線強弱成反比。當光線照射到光敏電阻時, 會激發光敏電阻的自由電子, 進而產生電流。光線愈強, 自由電子愈多, 電流愈大, 光敏電阻的電阻值就愈小。光線強度愈弱, 光敏電阻的電阻值則愈大。

光敏電阻的表面塗有硒化鎘或常見的硫化鎘 (CdS) 等光敏物質外, 還有一條用來導電的彎曲細線, 這條金屬線會呈現彎曲型是為了要增加感光的面積。光敏電阻和一般電阻一樣沒有陰陽極之分。光敏電阻規格上有亮電阻和暗電阻兩個數值, 亮電阻是指光敏電阻完全曝曬在最亮的光源下所呈現的電阻值 (最低電阻值)。暗電阻是指光敏電阻完全阻隔光源下所呈現的電阻值 (最高電阻值), 購買時請依需要選擇適當電阻值的光敏電阻。因為這和電路設計時所採用的分壓電阻值有關。一般光敏電阻的暗電阻值, 依規格, 約在 0.2M~10M 歐姆左右, 亮電阻值約在 2K~100K 歐姆左右。

光敏電阻

電路圖

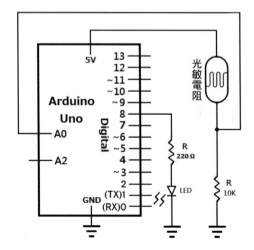

實作圖

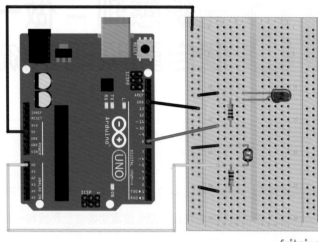

fritzing

程式設計

範例程式位於『 ≡/範例/創客‧自造者工作坊#1/LAB8 』。

1. 設定變數名稱

1 加入**變數/設定變數為腳位 0** 積木,
命名變數為 **LED 腳位**, 選取腳位 **8**

3 加入**數學 /0** 積木,
更改為 **400**

2 加入**變數 / 設定變數**積木,
命名為**最低亮度**

2. 設計主程式, 當環境太暗時亮燈

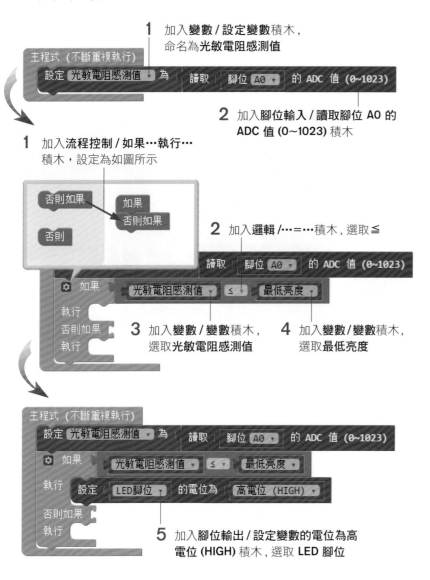

1 加入**變數 / 設定變數**積木,
命名為**光敏電阻感測值**

2 加入**腳位輸入 / 讀取腳位 A0 的
ADC 值 (0~1023)** 積木

1 加入**流程控制 / 如果…執行…**
積木,設定為如圖所示

2 加入**邏輯 /…=…**積木,選取 ≦

3 加入**變數 / 變數**積木,
選取**光敏電阻感測值**

4 加入**變數 / 變數**積木,
選取**最低亮度**

5 加入**腳位輸出 / 設定變數的電位為高
電位 (HIGH)** 積木,選取 **LED** 腳位

3. 設計當環境亮度足夠時關燈

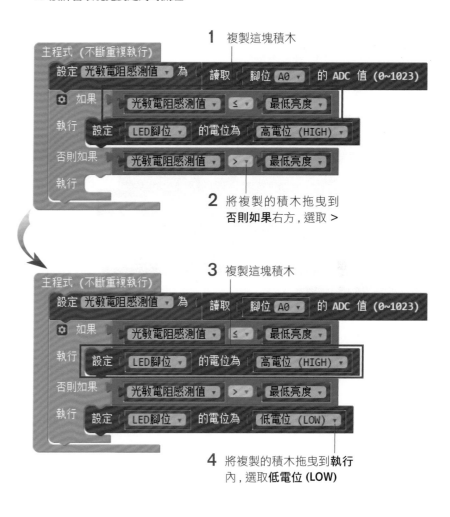

1 複製這塊積木

2 將複製的積木拖曳到
否則如果右方, 選取 >

3 複製這塊積木

4 將複製的積木拖曳到**執行**
內, 選取**低電位 (LOW)**

51

4. 完成後點擊右上方的**儲存**鈕存檔。完整的程式如下：

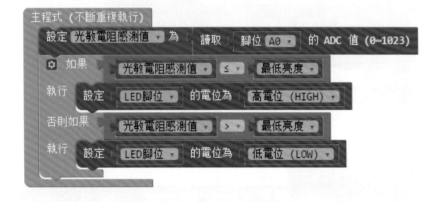

程式解說

先讀取腳位 A0 上光敏電阻和 10K 電阻之間的分壓值，並設為變數**光敏電阻感測值**。

當**光敏電阻感測值**小於或等於**最低亮度**時，輸出高電位訊號到 **LED 腳位**，點亮 LED。

當**光敏電阻感測值**大於**最低亮度**時，輸出低電位訊號到 **LED 腳位**，將 LED 熄滅。

 請注意!在此設定400是筆者的實驗環境所適合的設定值，因此讀者必須依照您實驗環境的光線強弱來設定這個數值。

實測

成功上傳程式後，用手遮住光敏電阻來觀察其變化。當光敏電阻的感測值高於**最低亮度**值時，LED 不會亮燈。若用手遮住光敏電阻，當光敏電阻的感測值低於您所設定的**最低亮度**值，LED 便會亮燈。將手拿開後，光敏電阻的感測值又會高於**最低亮度**值，此時 LED 則會熄滅。

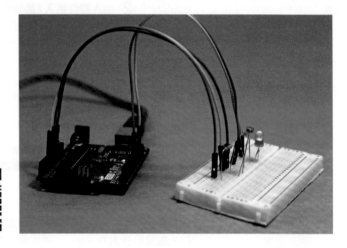

▲ 用手機掃描 QR code，觀看範例影片，電腦上觀看請用以下連結（"https://www.youtube.com/watch?v=wyh7lg7y_sg"）

我們實驗所用的光敏電阻其暗電阻值約在 0.2M~0.5M 之間，亮電阻約在 2K~10K 之間，如果分壓電阻設為 10K 的話，則全暗時的 10K 電阻兩端的分壓值最低為 5V × 10/(500+10)≒0.1V 至 5V × 10/(200+10)≒0.25V，全亮時分壓值最高約為 5V × 10/(2+10)≒4.2V，最低為 5V × 10/(10+10)≒2.5V。我們可以事先做這樣的預估，如果實驗不如預期，可以先測量 10K 電阻的分壓，看是否在預估範圍內？如果是，則硬體的感測部分應該沒有問題，那就要往軟體的部分去檢查。

09 溫度感測 -- 使用熱敏電阻監測水溫

假設你是咖啡館的老闆, 想要讓泡咖啡的水在沸騰之後, 一直保持在 85 ℃-95 ℃ 之間, 這要怎麼辦到呢? 當然我們可以用溫度計來量測開水的溫度, 例如要介於 85 度到 95 度之間, 但我們總不能一直盯著溫度計看有沒有在 85 ℃-95 ℃ 之間吧? 自動的溫度控制系統可以幫我們做這種耗時耗力的工作, 並且比用人眼去看溫度計還要準確。

LAB 9-1 找出熱敏電阻在水溫 85 度時, 類比輸入腳位所測得的數值

實驗目的

首先我們利用序列埠監控視窗來找出水溫在 85 度時, 類比輸入腳位所讀取的數值。接著將此數值帶入 LAB9-2, 才能夠進行水溫監測。

材料

● Arduino Uno 板	1 片
● 麵包板	1 片
● 熱敏電阻 (10K 負溫度係數)	1 個
● 220 Ω 電阻	1 個
● 10K Ω 電阻	1 個
● 蜂鳴器	1 個
● 保溫杯	1 個
● 高於 85 度的熱開水	1 杯
● 溫度計(可測得到 100 度)	1 支
● 單心線	若干

> 🧑 **硬體加油站**
>
> **熱敏電阻 (Thermistor)**
>
> **熱敏電阻(Thermistor)**是專門測量溫度的電阻, 其英文名稱 "thermistor" 是由 "thermal" (熱)與 "resistor" (電阻) 兩字組合而來, 熱敏電阻的電阻值會隨著溫度變化而有顯著的改變。熱敏電阻有兩種:其電阻值會隨溫度上升而增加者, 稱為正溫度係數熱敏電阻;其電阻值會隨溫度上升而減少者, 則稱為負溫度係數熱敏電阻。
>
> 接下頁

本實驗使用負溫度係數 (Negative Temperature Coefficient, 簡稱 NTC)的熱敏電阻。

用熱敏電阻測量水溫時, 由**類比輸入**腳位所讀取的數值是電壓值而非溫度值, 所以我們必須先確定電壓值與溫度的關係, 這樣才能做出準確的溫度控制。

最簡單的校正方式是, 先使用溫度計測量水溫, 並記錄熱敏電阻在各個溫度下, **類比輸入**腳位所測得的電壓值, 這樣就能找出溫度與電壓之間的對應關係:

水溫	95°	85°	75°	65°	55°	45°	35°	25°
數值	952	931	896	866	825	764	713	645

類比輸入腳位所測得的電壓值 VS 溫度

熱敏電阻

以筆者所使用的熱敏電阻為例, 當水溫 25 度時, **類比輸入**腳位讀得的數值為 645; 水溫 35 度時, **類比輸入**腳位所讀得的數值為 713; 水溫 85 度時, **類比輸入**腳位所讀得的數值則為 931。

除此之外, 由於每顆熱敏電阻在相同水溫下, 用**類比輸入**腳位所讀得的數值都有些不一樣。因此請在進行本實驗時, 必須先用溫度計測量水溫, 並記錄你的熱敏電阻在水溫 85 度時, **類比輸入**腳位所測得的數值。

本實驗所使用的熱敏電阻, 其可偵測的溫度範圍約在 -20 度到 125 度之間, 若超過這個範圍, 熱敏電阻將會失去準確度。

電路圖

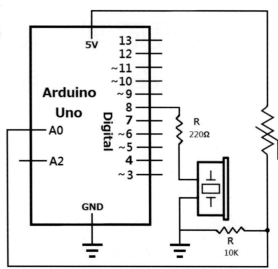

實作圖

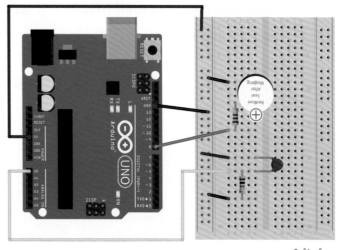

fritzing

🔔 請注意!

1. 為了方便測量水溫, 可用兩條較長的電線連接來把熱敏電阻連到麵包板上, 這樣熱敏電阻才能伸到水杯裏頭。

2. 由於一般材質的杯子, 其保溫效果比較不好, 熱水容易馬上降到 85 度以下, 因而無法進行實驗。所以本實驗所使用的杯子以保溫杯的效果為佳。

程式設計

 範例程式位於『 ≡ /範例/創客·自造者工作坊#1/LAB9-1』。

1 加入**序列通訊 /serial 以序列通訊送出換行**積木

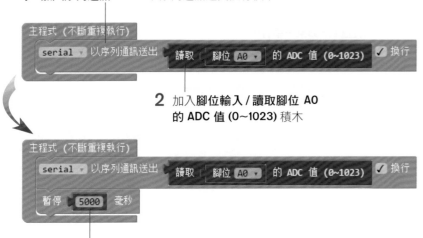

2 加入**腳位輸入 / 讀取腳位 A0 的 ADC 值 (0~1023)** 積木

3 加入**時間 / 暫停 1000 毫秒**積木, 更改數字為 **5000**

程式解說

以 A0 腳位來讀取熱敏電阻的分壓值, 並顯示在序列埠監控視窗上, 接著暫停 5 秒, 使**類比輸入**腳位每隔 5 秒讀取一次數值, 並且每隔 5 秒在序列埠監控視窗上顯示 1 組數值。

實測

1. 成功上傳程式 A 後, 用溫度計持續監測煮沸後的熱水水溫, 並將熱敏電阻放入這杯熱水中, 它便開始感應熱水的溫度。

2. 開啟序列埠監控視窗, 在視窗中可看到每 5 秒顯示 1 組由類比輸入腳位所測得的數值。

3. 等待熱水降溫到接近 85 度。

4. 當溫度計顯示水溫為 85 度時, 記錄下此刻序列埠監控視窗所顯示的數值。此數值就是水溫 85 度時類比腳位所讀取到的數值。例如筆者所使用的熱敏電阻在 85 度時測得的數值為 931。

筆者用類比輸入腳位測量熱敏電阻在水溫 85 時的數值為 931

LAB 9-2　溫度感測 -- 使用熱敏電阻監測水溫

實驗目的

　　本實驗將利用**熱敏電阻**來監測水的溫度, 使用前一個實驗所取得的數值做判斷, 當熱水降至 85 ℃以下時, 蜂鳴器會自動響起, 提醒你需要再把水加熱。

材料

　　同 LAB9-1

電路圖

　　同 LAB9-1

實作圖

　　同 LAB9-1

程式設計

 範例程式位於『≡/範例/創客‧自造者工作坊#1/LAB9-2』。

1. 設定變數名稱

1 加入**變數** / 設定變數為腳位 **0** 積木,
　　命名變數為**蜂鳴器腳位**, 選取腳位 **8**

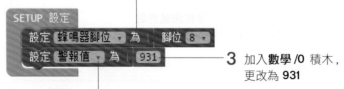

3 加入**數學** /0 積木,
　　更改為 **931**

2 加入**變數**/設定變數積木,
　　命名變數為**警報值**

2. 讓熱敏電阻感應值顯示在序列埠監控視窗上

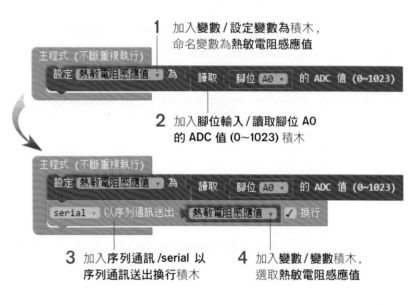

1 加入**變數** / 設定變數為積木,
　　命名變數為**熱敏電阻感應值**

2 加入**腳位輸入** / 讀取腳位 **A0**
　　的 **ADC** 值 (0~1023) 積木

3 加入**序列通訊** /serial 以
　　序列通訊送出換行積木

4 加入**變數** / 變數積木,
　　選取**熱敏電阻感應值**

3. 設計判斷程式

1 加入**流程控制** / 如果…執行…
　　積木, 設定為如圖所示

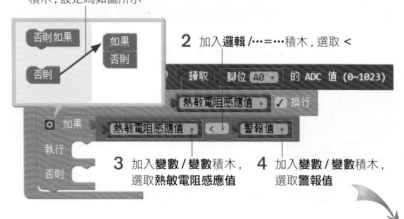

2 加入**邏輯** /…=…積木, 選取 **<**

3 加入**變數** / 變數積木,
　　選取**熱敏電阻感應值**

4 加入**變數** / 變數積木,
　　選取**警報值**

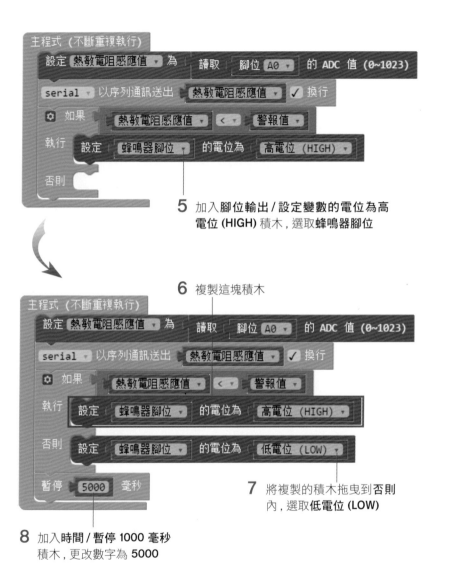

5 加入腳位輸出 / 設定變數的電位為高
電位 (HIGH) 積木，選取**蜂鳴器腳位**

6 複製這塊積木

7 將複製的積木拖曳到**否則**
內，選取**低電位 (LOW)**

8 加入時間 / 暫停 1000 毫秒
積木，更改數字為 **5000**

4. 完成後點擊右上方的**儲存**鈕存檔。完整的程式如下：

程式解說

先以 A0 腳位來讀取熱敏電阻的分壓值並存入變數**熱敏電阻感應值**，將數
值顯示在序列埠監控視窗上。

再來判斷**熱敏電阻感應值**是否小於**警報值**，如果小於代表水溫低於 85 度，
此時 Arduino 會輸出高電位到**蜂鳴器腳位**，使蜂鳴器發出聲響。否則，Arduino
輸出低電位到**蜂鳴器腳位**，蜂鳴器則不會發出聲響。

實測

　　成功上傳程式後，開啟序列埠監控視窗，便可開始偵測水溫，視窗每 5 秒鐘會顯示 1 組**類比輸入**腳位所測得的數值。當監控視窗內的數值高於**警報值**時，蜂鳴器不會響起。當監控視窗內的數值低於**警報值**，蜂鳴器將會響起，提醒你水溫已經低於 85 度了。

▲ 用手機掃描 QR code，觀看範例影片，電腦上觀看請用以下連結
("https://www.youtube.com/watch?v=p_32onymTps")

進一步提升系統功能

　　我們的系統只設計了最基本的一半功能，請自行修改程式，讓程式可以在溫度大於 95 ℃ 時也由蜂鳴器發出提醒的聲響。

　　在真正實用的系統中，我們還必須把蜂鳴器改為加熱器，也就是當溫度低於 85 ℃ 時讓加熱器開始加熱，而溫度高於 95 ℃ 時停止加熱。

10 潮濕感測 -- 做一個 花草澆水警示系統

本實驗要做的不是一般的濕度感測, 而是潮濕的感測。濕度感測和潮濕感測有甚麼不同呢?基本上濕度指的是空氣中潮濕 (水氣) 的狀態, 而潮濕則是指紙張、衣物、土壤是否有水份的滲透或沾附。所以像嬰兒尿布、牆壁漏水、花草培養這類非空氣濕度的檢測就要用到本章介紹的潮濕檢測。

LAB 10 潮濕感測器 -- 花草澆水警示系統

實驗目的

潮濕感測器可用來感測植栽土壤的濕度, 或是嬰兒尿布的狀態。本實驗將利用自製的潮濕感測器來測量濕度。以花草澆水而言, 土壤的水份不能太乾也不能太濕必須維持在適當的範圍內, 因而量測潮濕數值時, 若測得的數值在設定範圍之外, 蜂鳴器便會響起, 發出警報。若測得的數值介於設定範圍之內, 蜂鳴器則不會發出聲響。

材料

- Arduino Uno 板   1 個
- 麵包板   1 個
- 10K Ω 電阻   1 個
- 220 Ω 電阻   1 個
- 蜂鳴器   1 個
- 紙巾   1 張
- 單心線   若干
- 水   適量

電路圖

- 自製潮濕感測器

這個實驗我們必須自製一個潮濕感測器, 這個感測器說起來就是兩條電線, 有了導線之後, 我們還要有一個感測的對象, 基本上感測的對象應該是花盆內的泥土, 但為了避免弄髒室內環境, 我們先用紙巾來替代。當你將電路安裝好之後, 請找 1 張紙巾對折 3-5 次, 將連接 +5V 及 A0 的單心線接頭分別放到紙巾的不同夾層中, 注意兩條線的金屬接頭必須靠近一點, 這樣實驗時, 數值的變化會比較顯著。

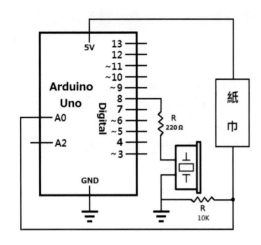

實作圖

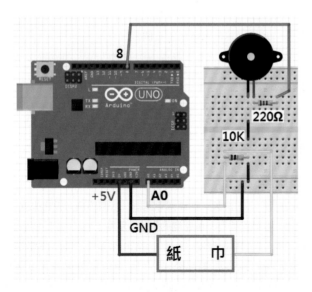

程式設計

 範例程式位於『≡/範例/創客‧自造者工作坊#1/LAB10』。

1. 設定變數名稱

2 加入**變數/變數**積木，命名變數為**警報器高標**　**3** 加入**數學/0**，更改為 **400**

1 加入**變數/設定變數為腳位 0**積木，命名變數為**蜂鳴器腳位**，選取**腳位 8**

4 加入**變數/變數**積木，命名變數為**警報器低標**　**5** 加入**數學/0**，更改為 **200**

2. 讓潮濕感測值顯示在序列埠監控視窗上

1 加入**變數/設定變數為**積木，命名變數為**潮溼感測值**　**2** 加入**腳位輸入/讀取腳位 A0 的 ADC 值 (0~1023)** 積木

60

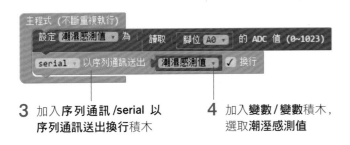

3 加入**序列通訊 /serial 以**
序列通訊送出換行積木

4 加入**變數 / 變數**積木，
選取**潮溼感測值**

3. 設計判斷程式

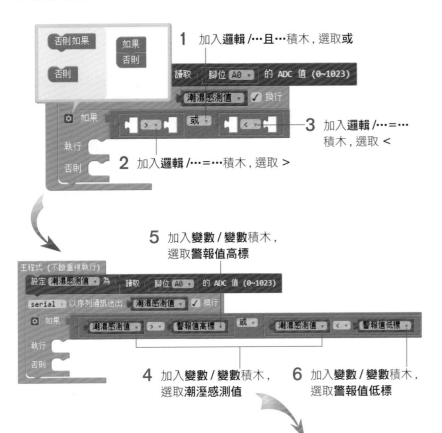

1 加入**邏輯 /…且…**積木，選取**或**

3 加入**邏輯 /…＝…**
積木，選取 **<**

2 加入**邏輯 /…＝…**積木，選取 **>**

5 加入**變數 / 變數**積木，
選取**警報值高標**

4 加入**變數 / 變數**積木，
選取**潮溼感測值**

6 加入**變數 / 變數**積木，
選取**警報值低標**

7 加入**腳位輸出 / 設定變數的電位為高電位 (HIGH)**
積木，選取**蜂鳴器腳位**，並複製這塊積木

8 將複製的積木拖曳
到**否則**內，選取**低**
電位 (LOW)

9 加入**時間 / 暫停 1000 毫秒**積木

4. 完成後點擊右上方的**儲存**鈕存檔。完整的程式如下：

SETUP 設定
設定 蜂鳴器腳位 為 腳位 8
設定 警報值高標 為 400
設定 警報值低標 為 200

主程式 (不斷重複執行)
設定 潮濕感測值 為 讀取 腳位 A0 的 ADC 值 (0~1023)
serial 以序列通訊送出 潮濕感測值 ✓ 換行
如果 潮濕感測值 > 警報值高標 或 潮濕感測值 < 警報值低標
執行 設定 蜂鳴器腳位 的電位為 高電位 (HIGH)
否則 設定 蜂鳴器腳位 的電位為 低電位 (LOW)
暫停 1000 毫秒

程式解說

首先以 A0 腳位來讀取感應的分壓值並存入變數**潮溼感測值**, 將數值顯示在序列埠監控視窗上, 接著判斷**潮溼感測值**, 如果大於**警報值高標**或小於**警報值低標**時, 蜂鳴器發出聲響, 否則, 蜂鳴器不發出聲響。

實測

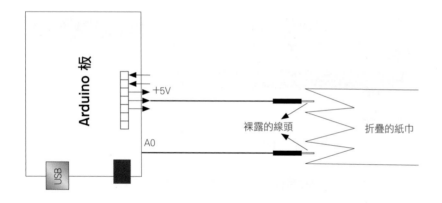

成功上傳程式後, 打開序列埠監控視窗, 由於這時乾燥的紙巾阻隔在+5V和 A0 腳位所連接的單心線的接頭之間, 電阻值大, 因此無法通電, 所顯示的分壓數值為 0。由於程式碼設定數值在 200 以下時, 蜂鳴器將會響起, 所以這時蜂鳴器發出聲響。序列埠監控視窗上, 偶爾會出現幾個個位數的數值, 這是因為周遭環境干擾的關係, 如果這時用手觸碰紙巾, 造成紙巾的電阻值下降, 監控視窗的數值則會升高。

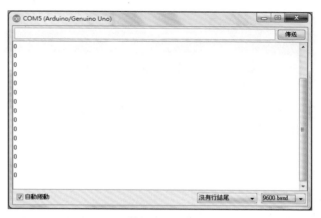

▲ 開啟序列埠監控視窗, 所顯示的數值為 0。

接著, 開始在紙巾上滴水, 紙巾沾濕以後, 由於水會降低紙巾的電阻值, 使兩條電線之間開始導電, 監控視窗上的數值會逐漸上升, 當數值超過 200 後, 蜂鳴器將不會發出聲音。

當紙巾濕透時, 監控視窗上的數值將會達到最高, 當超過程式碼所設定的數值 400 時, 蜂鳴器又會再響起。

▲ 當監控視窗的數值超過 400, 蜂鳴器會再度發出聲響。

停止加水後, 當紙巾慢慢乾燥之後, 監控視窗的數值會逐漸降到 400 以下, 這時蜂鳴器就不會發出聲響。

▲ 當視窗的數值降到 400 以下, 蜂鳴器就不會響了。

▲ 用手機掃描 QR code, 觀看範例影片, 電腦上觀看請用以下連結 ("https://www.youtube.com/watch?v=zfXxyO0igU4")

當一切都測試無誤之後, 你就可以把紙巾換成陽台上的花盆來偵測花盆的潮濕狀態, 把 +5V 和類比輸入這兩條電線插入花盆的土壤中, 這樣就可以成為一個盆栽澆水警示系統的雛形了。當然, 因為每個人的環境不同, 你可以調整程式中的**警報值高標**和**警報值低標**的值讓系統和實際環境做更好的配合。

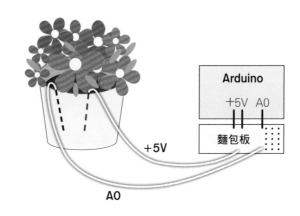

11

使用七段顯示器 --
做一個按鈕計數器

七段顯示器是由 7 段 LED 組合成一個 8 字型的顯示器, 一般常做為計時器、計數器使用。初學 7 段顯示器的困難在於顯示器的每一段筆劃和腳位的關係並不直接, 所以硬體接線常常弄錯。另外, 要把 7 段 LED 組成 0-9 的數字, 則是軟體上必須處理的問題, 這都是本章的重點。

LAB 11 七段顯示器做一個按鈕計數器

實驗目的

學習使用七段顯示器, 並做一個按鈕計數器, 每按一次按鈕, 七段顯示器的數字就加 1, 顯示到 9 之後再加 1 又回到 0, 重新算起。

材料

- Arduino Uno 板　　　　　　　　　1 個
- 麵包板　　　　　　　　　　　　　1 個
- 七段顯示器 (共陰極)　　　　　　1 個
- 220 Ω 電阻　　　　　　　　　　　7 個
- 10K Ω 電阻　　　　　　　　　　　1 個
- 單心線　　　　　　　　　　　　　若干
- 按壓開關　　　　　　　　　　　　1 個

> 😊 硬體加油站
>
> #### 七段顯示器(Seven Segment Display)
>
> **七段顯示器(Seven Segment Display)**由 8 個 LED 所組成, 其中包括 7 劃 (7 個長條) LED 和一個點狀 LED (小數點)。
>
> 七段顯示器因為其內部構造的不同, 分成**共陰極 (common cathode**, 簡稱 **CC**) 及 **共陽極 (common anode**, 簡稱 **CA**) 兩種 (本書使用共陰極)。共陰極的各段 LED 的陰極相連, 共陽極則是各段 LED 的陽極相連。由於兩種七段顯示器的外觀完全相同, 但是兩者的接法及程式設計方法都不同, 所以在購買時必須確定是共陽極還是共陰極。
>
> 接下頁

七段顯示器外觀上有 10 支接腳, 分為上下兩排各 5 支, 各接腳與各段 LED 的內部關係如下圖所示:

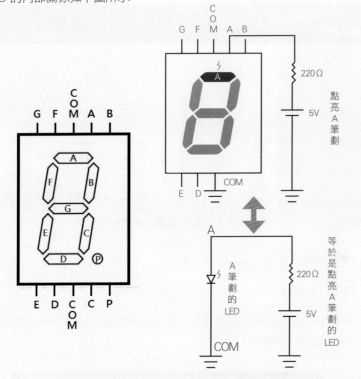

▲ 七段顯示器的接腳與各段 LED 的內部連接關係圖

其中上下排最中間的 COM 接腳是各段 LED 的陰極或陽極共同腳位, 如果是共陰極, COM 腳 (任一支即可) 必須連接 GND, 其餘接腳則連接驅動電路。如果是共陽極, COM 腳 (任一支即可) 必須連接 +5V, 其餘接腳則連接驅動電路。

由於共陽和共陰極的七段顯示器的程式碼, 在高低電位的部分是完全相反的, 因此必須再三確認你所使用的七段顯示器為哪種 (本書使用共陰極)。

電路圖

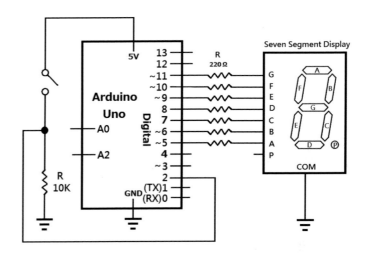

實作圖

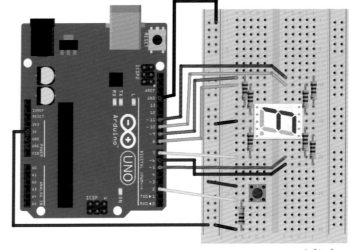

fritzing

程式設計的重點

在硬體線路上, 我們已經把數位輸出腳位經由 220 Ω 電阻接到 7 段顯示器的 7 個 LED 上了, 接下來的問題是, 要如何來顯示這些 LED 呢?也就是說, 我們必須把這 7 段 LED 用有意義的字型顯示出來, 而不是東一劃、西一劃的點亮就好。例如: 我們要做一個計數器, 那就必須顯示 0-9 的數字。所以, 首先我們必須建立 0-9 這 10 個字形和 7 段 LED 的關係, 以下便是使用**共陰極**的七段顯示器時, 0-9 各數字與各段 LED 筆劃 (A~P) 的關係。(1 表示 LED 點亮, 對共陰極而言是高電位, 0 表示熄滅, 是低電位)

LED 段 顯示數字	A	B	C	D	E	F	G	P
0	1	1	1	1	1	1	0	0
1	0	1	1	0	0	0	0	0
2	1	1	0	1	1	0	1	0
3	1	1	1	1	0	0	1	0
4	0	1	1	0	0	1	1	0
5	1	0	1	1	0	1	1	0
6	1	0	1	1	1	1	1	0
7	1	1	1	0	0	0	0	0
8	1	1	1	1	1	1	1	0
9	1	1	1	1	0	1	1	0

表 1 七劃字型表 (共陰極)

例如: 要顯示 0 這個數字, A-F 的 LED 必須點亮, G 和 P 的 LED 必須熄滅。而顯示 5 這個數字, A、C、D、F、G 必須點亮, 其他熄滅。

11111100

10110110

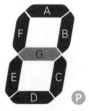

把 G 和 P 熄滅, 把 A、B、C、D、E、F 點亮就是數字 0 的字形

點亮 A、C、D、F、G 就是數字 5 的字形

如果使用**共陽極**的七段顯示器, 各數字與各段 LED 的關係如下表。 (1 表示高電位, 0 表示低電位)

LED 段 顯示數字	A	B	C	D	E	F	G	P
0	0	0	0	0	0	0	1	1
1	1	0	0	1	1	1	1	1
2	0	0	1	0	0	1	0	1
3	0	0	0	0	1	1	0	1
4	1	0	0	1	1	0	0	1
5	0	1	0	0	1	0	0	1
6	0	1	0	0	0	0	0	1
7	0	0	0	1	1	1	1	1
8	0	0	0	0	0	0	0	1
9	0	0	0	0	1	0	0	1

表 2 七劃字型表 (共陽極)

👦 **軟體加油站**

陣列 (Array)

陣列 (Array) 是由相同資料型態的變數排列組成的, 組成陣列的變數稱為陣列元素。例如:

定義陣列 名稱 ▼ 型別 整數 (int) ▼ { 5,10,6,20,101 }

如上圖就是一個由 5 個元素組成的陣列, 每個元素的型態都是整數, 陣列中的元素是依照順序排列的, 而元素的順序稱為項目值, 利用項目值可以找出對應的陣列元素, 需要注意的是, 陣列的項目值是從 0 開始, 所以當陣列中的元素有 5 個時, 代表項目值是由 0~4, 例如**陣列名稱的第 0 個項目**指的是上圖陣列的元素 **5**。

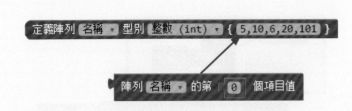

二維陣列 (two dimensional array)

二維陣列 (two dimensional array) 是由一維陣列所組成的陣列, 例如:

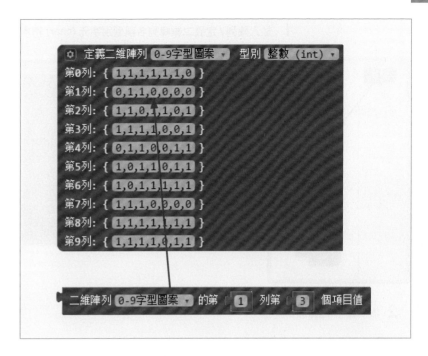

將一維陣列成行排列就是二維陣列, 因此我們要使用二維陣列時, 可以透過列數及項目值來儲存或提取陣列的元素。請注意!二維陣列的列數也是從 0 開始。例如**二維陣列 0-9 字型圖案的第 1 列第 3 個項目**指的即是元素 **0**。

程式設計

 範例程式位於『 ≡/**範例/創客・自造者工作坊#1/LAB11**』。

1. 設定 0-9 的字型圖案二維陣列

1 加入**陣列 / 定義二維陣列名稱型別字元 (char)** 積木

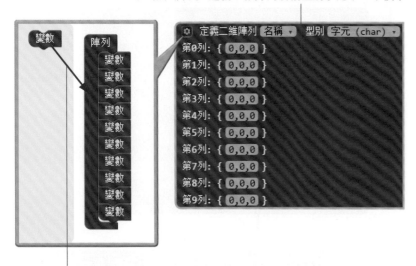

2 設定積木為如圖所示

3 依序將積木中的數字改為如圖所示

2. 定義讓七段顯示器顯示數字的函式

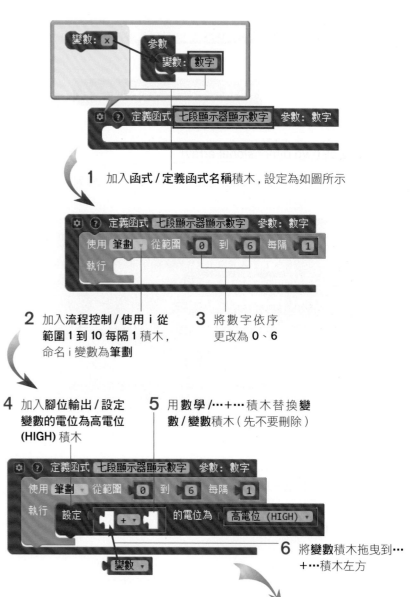

1 加入**函式 / 定義函式名稱**積木，設定為如圖所示

2 加入**流程控制 / 使用 i 從範圍 1 到 10 每隔 1** 積木，命名 i 變數為**筆劃**

3 將數字依序更改為 0、6

4 加入**腳位輸出 / 設定變數的電位為高電位 (HIGH)** 積木

5 用**數學 /…+…**積木替換**變數 / 變數**積木 (先不要刪除)

6 將**變數**積木拖曳到…+…積木左方

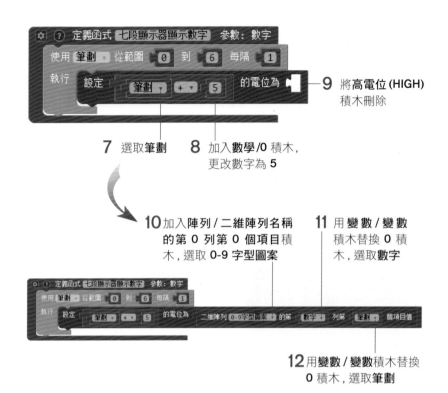

9 將**高電位 (HIGH)**
積木刪除

7 選取**筆劃**

8 加入**數學/0** 積木，
更改數字為 **5**

10 加入**陣列/二維陣列名稱**
的第 0 列第 0 個項目積
木，選取 **0-9 字型圖案**

11 用**變數/變數**
積木替換 0 積
木，選取**數字**

12 用**變數/變數**積木替換
0 積木，選取**筆劃**

3. 設定變數名稱與初始狀態

2 加入**數學 /0** 積木，更改數字為 **0**

1 加入**變數/變數**積
木，命名為**計數器**

3 加入**變數/設定變數為腳位 0** 積木，
命名為**按鈕腳位**，選取**腳位 2**

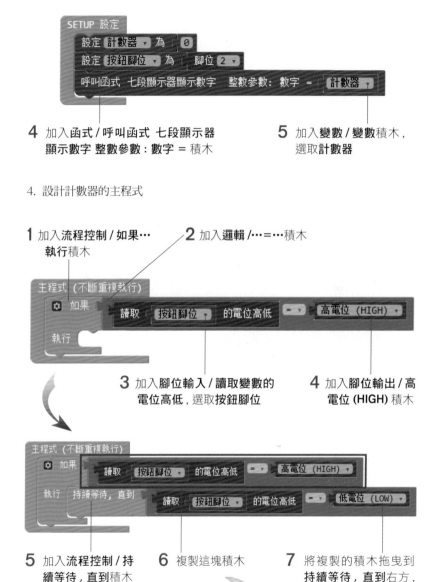

4 加入**函式/呼叫函式 七段顯示器**
顯示數字 整數參數：數字 = 積木

5 加入**變數/變數**積木，
選取**計數器**

4. 設計計數器的主程式

1 加入**流程控制/如果…**
執行積木

2 加入**邏輯/…=…**積木

3 加入**腳位輸入/讀取變數的**
電位高低，選取**按鈕腳位**

4 加入**腳位輸出/高**
電位 (HIGH) 積木

5 加入**流程控制/持**
續等待，直到積木

6 複製這塊積木

7 將複製的積木拖曳到
持續等待，直到右方，
選取**低電位 (LOW)**

8 加入**數學 / 將變數的值加上 1** 積木，選取**計數器**

5. 設計計數器歸零程式

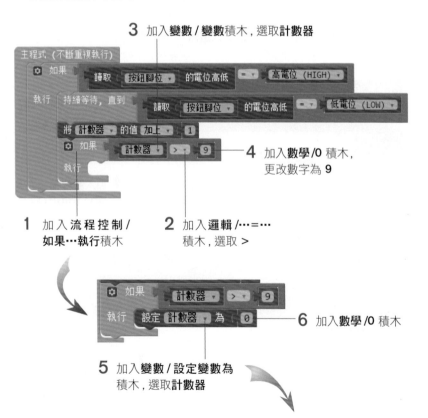

3 加入**變數 / 變數**積木，選取**計數器**

4 加入**數學 / 0** 積木，更改數字為 **9**

1 加入**流程控制 /
如果…執行**積木

2 加入**邏輯 /…=…**
積木，選取 **>**

6 加入**數學 /0** 積木

5 加入**變數 / 設定變數為**
積木，選取**計數器**

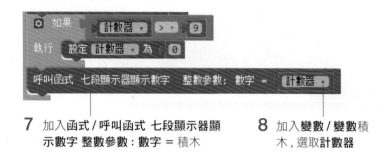

7 加入函式 / 呼叫函式 七段顯示器顯
示數字 整數參數：數字 = 積木

8 加入**變數 / 變數**積
木，選取**計數器**

6. 完成後點擊右上方的**儲存**鈕存檔。完整的程式如下：

70

程式解說

　　首先自定義一個函式, 會依造所輸入的參數**數字**, 選擇要點亮的七段顯示器筆劃。透過提取二維陣列中的元素, 設定顯示器各腳位的電位, 為該數字對應的狀態, 1 表示高電位, 即點亮, 0 表示低電位, 即不會點亮。

　　接著讀取當前**按鈕腳位**的狀態, 如果是高電位, 等到低電位, 就將計數器的數值加 1, 而當**計數器**值大於 9 時, 將**計數器**歸 0。

 　　請注意這裡的設計是為了避免程式連續觸發, 判斷**按鈕腳位**從高電位到低電位, 代表一次完整的點擊, 即按下與放開。

　　最後呼叫函式, 以**計數器**代入參數**數字**, 因此七段顯示器會點亮當前**計數器**對應的字型。

實測

　　上傳程式碼後, 七段顯示器會顯示 0, 每當按壓一次按鈕開關, 數字就加 1, 加到 9 之後又回到 0, 然後繼續計數。

▲ 用手機掃描 QR code, 觀看範例影片 , 電腦上觀看請用以下連結
("https://www.youtube.com/watch?v=EPwm94JJD_0")

進階資訊

　　一位數的計數器顯然並不實用, 當我們需要做多位數的計數器時, 就要用兩個以上的 7 段顯示器, 如果需要使用小數點, 則要使用七段顯示器中的 P 腳位, 但是你馬上會發現 Arduino 的腳位不夠用, 這時我們就必須借助額外的硬體 IC 來解決, 例如使用少腳位控制多腳位的 IC 來擴充 Arduino 的腳位。

　　所以, 要成為一名真正的創客, 必須具備解決多元問題的能力, 而持之以恆的學習及實作的精神更是自造者成功的不二法門。

附錄 A 電阻色碼表

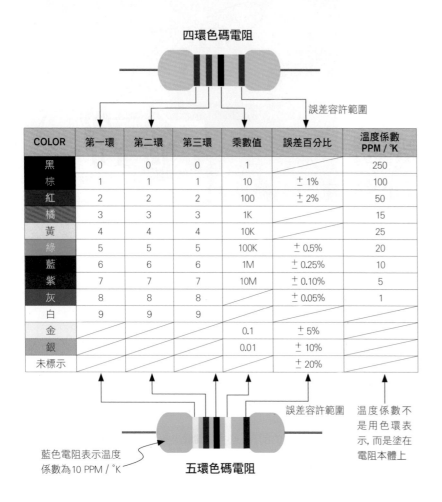

四環色碼電阻

誤差容許範圍

COLOR	第一環	第二環	第三環	乘數值	誤差百分比	溫度係數 PPM / °K
黑	0	0	0	1		250
棕	1	1	1	10	± 1%	100
紅	2	2	2	100	± 2%	50
橘	3	3	3	1K		15
黃	4	4	4	10K		25
綠	5	5	5	100K	± 0.5%	20
藍	6	6	6	1M	± 0.25%	10
紫	7	7	7	10M	± 0.10%	5
灰	8	8	8		± 0.05%	1
白	9	9	9			
金				0.1	± 5%	
銀				0.01	± 10%	
未標示					± 20%	

誤差容許範圍

溫度係數不是用色環表示，而是塗在電阻本體上

藍色電阻表示溫度係數為 10 PPM / °K

五環色碼電阻

　　請注意！五環色碼因色碼很多，擠成一堆，很難看出哪邊是頭哪邊是尾！你可以仔細的看，尾端的色碼和其他色碼的間隔稍稍大一點點，這個色碼就是誤差值的那個色碼，也就是尾端的色碼。

感謝您購買旗標書，記得到旗標網站 www.flag.com.tw 更多的加值內容等著您…

<請下載 QR Code App 來掃描>

1. FB 粉絲團：旗標知識講堂

2. 建議您訂閱「旗標電子報」：精選書摘、實用電腦知識搶鮮讀；第一手新書資訊、優惠情報自動報到。

3. 「更正下載」專區：提供書籍的補充資料下載服務，以及最新的勘誤資訊。

4. 「旗標購物網」專區：您不用出門就可選購旗標書！

買書也可以擁有售後服務，您不用道聽塗說，可以直接和我們連絡喔！

我們所提供的售後服務範圍僅限於書籍本身或內容表達不清楚的地方，至於軟硬體的問題，請直接連絡廠商。

● 如您對本書內容有不明瞭或建議改進之處，請連上旗標網站，點選首頁的 讀者服務 ，然後再按右側 讀者留言版 ，依格式留言，我們得到您的資料後，將由專家為您解答。註明書名 (或書號) 及頁次的讀者，我們將優先為您解答。

學生團體　訂購專線：(02)2396-3257 轉 361, 362
　　　　　傳真專線：(02)2321-2545

經銷商　　服務專線：(02)2396-3257 轉 314, 331
　　　　　將派專人拜訪
　　　　　傳真專線：(02)2321-2545

國家圖書館出版品預行編目資料

Arduino 超入門---創客、自造者的原力 / 章奇煒 著
臺北市：旗標，2016.01　面；　公分
ISBN 978-986-312-324-8(平裝)
1.微電腦　2.電腦程式語言
471.516　　　　　　　　　　105000392

作　　者／章奇煒 • 施威銘研究室
發 行 所／旗標科技股份有限公司
　　　　　台北市杭州南路一段 15-1 號 19 樓
電　　話／(02)2396-3257(代表號)
傳　　真／(02)2321-2545
劃撥帳號／ 1332727-9
帳　　戶／旗標科技股份有限公司
監　　督／楊中雄
執行企劃／黃昕暐 • 陳彥發
執行編輯／黃昕暐 • 汪紹軒
美術編輯／陳慧如
封面設計／古鴻杰
校　　對／黃昕暐 • 汪紹軒 • 陳彥發

行政院新聞局核准登記 - 局版台業字第 4512 號
ISBN　978-986-312-324-8
版權所有 • 翻印必究

Copyright © 2018 Flag Technology Co., Ltd.
All rights reserved.